建筑工程与暖通技术应用

李　响　桑春秀　王桂珍　著

吉林科学技术出版社

图书在版编目（CIP）数据

建筑工程与暖通技术应用 / 李响 , 桑春秀 , 王桂珍
著 . -- 长春 : 吉林科学技术出版社 , 2022.5
ISBN 978-7-5578-9326-2

Ⅰ . ①建… Ⅱ . ①李… ②桑… ③王… Ⅲ . ①建筑工
程－采暖系统②建筑工程－通风系统③建筑工程－空气调
节系统 Ⅳ . ① TU83

中国版本图书馆 CIP 数据核字 (2022) 第 072698 号

建筑工程与暖通技术应用

著　李　响　桑春秀　王桂珍
出版人　宛　霞
责任编辑　梁丽玲
封面设计　乐　乐
制　　版　乐　乐
幅面尺寸　185mm×260mm
开　　本　16
字　　数　100 千字
印　　张　11.125
印　　数　1–1500 册
版　　次　2022年5月第1版
印　　次　2022年5月第1次印刷

出　　版　吉林科学技术出版社
发　　行　吉林科学技术出版社
地　　址　长春市南关区福祉大路5788号出版大厦A座
邮　　编　130118
发行部电话/传真　0431-81629529　81629530　81629531
81629532　81629533　81629534
储运部电话　0431-86059116
编辑部电话　0431-81629510
印　　刷　廊坊市印艺阁数字科技有限公司

书　　号　ISBN 978-7-5578-9326-2
定　　价　58.00元

前言

随着我国市场经济的飞速发展和城市化进程的日益加快，人们对居住环境的要求不断提高，这在一定程度上大大提高了施工的难度，并且形成了现代建筑行业的激烈竞争。建筑行业在我国国民经济的发展中占据十分重要的地位，国民经济的发展必然带动建筑规模的扩大和技术水平的提高，其中，建筑设备施工技术的更新发展尤为显著。伴随着人们生活水平的提高，建筑设备在整个建筑经济中所占份额也在逐渐上升，它会直接影响到社会的发展水平以及人们日常的生活状态，建筑工程作为一项综合性比较强的内容，它需要设计人员与施工人员能够进行密切的配合，同时对于他们的素质要求水平较高。暖通技术在建筑工程中发挥着十分重要的作用，在建筑工程中应用暖通空调技术，不仅可以促进建筑工程建设水平的提升，而且还能充分体现出绿色节能理念，是城市文明建设的基本要求。

基于此，本书从建筑工程理论分析入手，分别对建筑工程技术发展、造价工程等方面进行详细分析，随后对建筑暖通技术及应用做了深入探究，本书内容具有很强的针对性和适用性，内容详尽、实用，内容精练、重点清晰、深入浅出、通俗易懂。本书适用从事暖通空调设计的工程技术人员，也可作为暖通空调专业的培训教材和相关人员的学习参考资料。由于编者的经验和学识有限，尽管尽心尽力，但疏漏或不妥之处在所难免，恳请各位读者提出宝贵意见。

目

第一章　建筑工程概述

第一节　建筑和建筑工程概述

一、建筑的概念及其基本属性

“建筑”一词的英文为 architecture，来自拉丁语的 architectura，可理解为关于建筑物的技术和艺术的系统知识，又称为建筑学。汉语“建筑”是一个多义词，它既可以表示建筑工程或土木工程的营造活动，又可表示这种活动的成果。我国古代把建造房屋及其相关的土木工程活动统称为“营建”“营造”，而“建筑”一词则是从日本引入的。有时建筑也泛指某种抽象的概念，例如，罗马建筑、拜占庭式建筑、哥特式建筑、明清建筑、现代建筑等。

目前，有关建筑的含义在学术界有很多解释，下面按照最通俗的理解去说明。将建筑作为工程实体来对待，即建筑通常被认为是艺术与工程技术相结合，营造出供人们进行生产、生活或其他活动的环境、空间、房屋或者场所，一般情况下是指建筑物和构筑物。建筑物是指供人们生活居住、工作学习、娱乐和从事生产的建筑，例如，住宅、学校、宾馆、办公楼、体育馆等。而人们不在其中生产、生活的建筑则称为构筑物，例如，水塔、烟囱、蓄水池、桥梁、堤坝、囤仓等。

建筑的形成主要涉及建筑学、结构学、给排水、供暖通风、空调技术、电气、消防、自动控制、建筑声学、建筑光学、建筑热工学、建筑材料、建筑施工技术等方面的知识和技术，同时也受到政治制度、自然条件、经济基础、社会需求及人工技巧等因素影响，在一定程度上反映了某个地区、某个时期的建筑风格与艺术，也反映了当时的社会活动和工程技术水平。因此，建筑是一门融社会、工程技术和文化艺术于一体的综合性学科，是一个时代物质文明、精神文明和政治文明的产物。

综上所述，建筑的基本属性有以下几点。

(一) 建筑的时空性

从建筑作为客观的物质存在来讲有两点，一是它的实体和空间的统一性，二是它的空间和时间的统一性。这两个方面组合为建筑的时空属性。

(二) 建筑的工程技术性

建筑由物质构成，而且是人为的、科学的构成。

(三) 建筑的艺术性

建筑既是个实用对象，又是个审美对象，更是一种造型艺术。

(四) 建筑的民族性和地方性

不同的民族有不同的建筑形式，不同的地域（同一个民族或不同民族）有不同的建筑形态。时代不同，建筑也有不同的潮流特征。

二、建筑的产生和发展

人类的建筑活动从穴居、巢居到现代高楼大厦，经历了漫长的发展历程。回顾建筑产生、发展的历史，认识建筑科学技术演进的规律，对整个建筑发展历程形成一个较为清晰的脉络，对后续学习和掌握有关专业知识都有很重要的作用。

(一) 原始社会的建筑

河姆渡文化是中国长江流域下游以南地区古老而多姿的新石器时代文化（距今约 7000 年）。黑陶是河姆渡陶器的一大特色；在建筑方面，遗址中发现了大量“干栏式房屋”的遗迹。

1973 年，第一次发现于浙江宁波余姚的河姆渡镇，因此而命名。它主要分布在杭州湾南岸的宁绍平原及舟山岛。经科学的方法进行测定，它的年代为公元前 5000 年～前 3300 年。它是新石器时代母系氏族公社时期的氏族村落遗址，反映了 7000 多年前长江流域下游地区氏族的情况。

半坡遗址位于陕西省西安市东郊灞桥区浐河东岸，是黄河流域一处典型的原始社会母系氏族公社村落遗址，属于新石器时代仰韶文化，距今 6000 年以上。1953 年春，西北文物清理队在西安东郊浐河东岸的二级阶地上发现了半坡遗址。同年 9 月，中科院考古研究所进行了较深入的调查，发现遗址面积约 5 万 m^2。1954～1957 年，先后对半坡遗址进行了 5 次较大规模的发掘，发掘面积 1 万 m^2，1958 年建成博物馆。

(二) 奴隶社会的建筑

1. 古埃及的建筑

目前古埃及吉萨金字塔中最大、保存最完好的三座金字塔是由第四王朝的三位法老胡夫（Khufu）、哈夫拉（Khafra）和孟卡乌拉（Menkaura）在公元前2600～前2500年建造的。胡夫金字塔高146.6m，底边各长230.35m；哈夫拉金字塔高143.5m，底边各长215.25m；孟卡拉金字塔高66.4m，底边各长108.04m。其中最大的是胡夫金字塔，它是一座几乎实心的巨石体，由200多万块巨石砌成。成群结队的人将这些大石块沿着地面斜坡往上拖运，然后在金字塔周围以脚手架的方式层层堆砌。金字塔的旁边还有一些皇族和贵族的小小金字塔及长方形台式陵墓。最初铺盖金字塔的外层磨光的灰白色石灰石块几乎全部消失。如今见到的是下面淡黄色的石灰大石块，显露出其内部结构。金字塔中心有墓室，可以从甬道进去，墓室顶上分层架着几块几十吨重的大石块。

2. 古印度的建筑

古印度最具代表性的佛塔建筑为桑奇大塔・窣堵坡，又称窣堵坡。其基本形制是用砖石垒筑成圆形或方形的台基，周围一般建有右绕甬道，设一圈围栏，分设4座塔门，围栏和塔门上装饰有雕刻。在台基之上建有一半球形覆钵，即塔身，高12.8m，直径32m，塔身外为砌石，内为泥土，埋藏石函或硐函等舍利容器。

古印度的另一代表性建筑为石窟，其中最具代表性的是卡尔利石窟，又名卡拉石窟。卡尔利石窟位于孟买东南方约160km，目前共有16个洞窟出土，是古印度著名的早期佛教石窟群，其中第八窟是较为壮观、规模较大的支提窟，大约开凿于公元40～100年，正值印度安达罗王朝（Andhra Dynasty）晚期，然而内部雕刻则是在此后两个世纪内逐渐完成的，可以说其体现了印度佛教的黄金时期。窟内主室是古代佛教徒进行礼拜仪式的所在，其长37.8m、宽14.2m、高13.7m，纵深颇长的"U"字形空间，由37根紧密排列的八角柱隔成中央厅堂及侧边回廊，窟顶为深筒状的圆拱顶，侧廊则为平顶，平行排列的岩凿肋拱乃是仿木结构，是印度现存最大、最壮观的支提窟。"支提"是"塔"的意思。支提窟在洞窟的中央设有塔，所以又叫塔庙窟。支提窟的规模一般比较大，因为它是供信徒回旋巡礼和观像之用。为了使建筑结构更牢固，通常塔顶上接窟顶，就可以像柱子一样起到支撑的作用，因此被形象地称为"中心柱"。

3. 古希腊的建筑

古希腊建筑艺术成就中最具代表性的是雅典卫城。雅典卫城具有古代希腊城市战时供市民避难的功能，是由坚固的防护墙壁拱卫着的山冈城市。雅典卫城面积约有4km。坚固的城墙筑在四周，自然的山体使人们只能从西侧登上卫城。高地东面、南面和北面都是悬崖绝壁，地形十分险峻。雅典卫城内前门、山门、雅典娜胜利女神殿、阿尔忒弥斯神殿等建筑，都仅存残垣。雅典卫城东南面的卫城博物馆馆藏丰富，建成于1878年，共有9室，珍藏雅典卫城内神庙中的珍贵石雕、石刻等。海神波塞冬送给人类一匹象征战争的壮马，而智慧女神雅典娜献给人类一棵枝叶繁茂、果实累累、象征和平的油橄榄树。

4. 古罗马的建筑

古代的罗马人非常喜欢用框架结构建造建筑。古罗马建筑的类型很多，有古罗马万神庙、维纳斯和古罗马庙及巴尔贝克太阳神庙等建筑，也有皇宫、剧场角斗场、浴场及广场和巴西利卡（长方形会堂）等公共建筑。

万神庙位于意大利首都罗马圆形广场的北部，是罗马最古老的建筑之一，顶部采用了穹顶覆盖的集中式形制，是古罗马建筑风格穹顶技术的最高代表。万神庙穹顶直径达 43.3m，顶端高度也是 43.3m，穹顶中央开了一个直径 8.9m 的圆洞，透过圆洞照射进来的柔和的漫射光能够照亮空阔的内部，有一种宗教的宁谧气息。穹顶的外面覆盖着一层镀金铜瓦，看起来比较高贵典雅。万神庙门廊高大雄壮、华丽浮艳，正面有长方形柱廊，柱廊宽 34m，深 15.5m，有科林斯式石柱 16 根，分三排，前排 8 根，中、后排各 4 根。柱身高 14.18m，底径 1.43m，是用整块埃及灰色花岗岩加工而成的，柱头是白色大理石，山花和檐头的雕像以及大门扇、瓦、廊子里的天花梁和板都是铜做的，并包着金箔，建筑整体非常壮观。

古罗马斗兽场，原名为弗拉维圆形剧场，又被称为古罗马竞技场、古罗马大角斗场等。古罗马斗兽场是古罗马时期最大的圆形角斗场，公元 72 ~ 82 年由 4 万名战俘用 10 年时间建造起来的，现仅存遗迹，位于意大利首都罗马市中心，在威尼斯广场的南面，古罗马市场附近。斗兽场平面呈椭圆形，占地约 2 万 m^2，外围墙高 57m，相当于现代 19 层楼房的高度。该建筑为四层结构，外部全由大理石包裹，下面三层分别有 80 个圆拱，其柱形极具特色，按照多立克式、爱奥尼式和科林斯式的标准顺序排列，第四层则以小窗和壁柱装饰。场中间为角斗台，长 86m，宽 63m，仍为椭圆形，相当于一个足球场那么大。

斗兽场的看台用三层混凝土制的筒形拱上，每层有 80 个拱，形成三圈不同高度的环形券廊，最上层则是 50m 高的实墙。看台逐层向后退，形成阶梯式坡度。每层的 80 个拱形成了 80 个开口，最上面两层则有 80 个窗洞。整个斗兽场最多可容纳 9 万人，因入场设计周到而不会出现拥堵混乱，即使是今天的大型体育场依然沿用这种入场的设计。

5. 我国夏商周时期的建筑

河南洛阳二里头发现的夏代早期宫室遗址，系由数组周以回廊的庭院组成。其主要殿堂置于广庭中部，下承夯土台基。台基平整，高出当时地面约 0.8m，边缘呈缓坡状，斜面上有坚硬的石灰石或路土面，殿堂位于台基中部偏北，东西长 30.4m，南北深 11.4m，以卵石加固基址。建筑结构为木柱梁式，南北两面各有柱洞 9 个，东西两面各有柱洞4个，但柱网不是整齐划分的。壁体为木骨抹泥墙，屋面则覆盖着树枝茅草。

商代诸侯城以武汉市黄陂区盘龙城为例。盘龙城遗址位于长江北岸，距武汉市中心仅5km。盘龙城遗址的分布范围是两面是东、北，南濒府河，仅西面有陆路相通。其内城东西长1100m，南北宽1000m，内城总面积约75400m^2。外城总面积2.5km^2，内城坐落在整个遗址的东南部，平面形状略呈方形，城内发现有三处大型宫殿基址。内城外散见居民区和酿酒、制陶、冶铜等手工作坊及墓地。盘龙城遗址出土的商代青铜器不仅在数量上远远超过郑州商城，而且不少是同时期青铜器精品。盘龙城遗址还出土了数以万计的陶片，以及石器100多件。盘龙城发掘出的三座大型宫殿建筑，体现了我国古代前朝后寝（前堂后室）的宫殿格局，奠定了中国宫殿建筑的基石。

已发掘的周代建筑基址有陕西岐山凤雏和扶风召陈二处。岐山宫殿甲组遗址建筑坐北朝南，面积1469平方米，是一座高台建筑。建筑分前后两进院落，沿中轴线自南而北布置了广场、照壁、门道及其左右的塾、前院、向南敞开的堂、南北向的中廊和分为数间的室（又称寝）。中廊左右各有一个小院，室的左右各设后门。三列房屋的东、西各有南北的分间厢房，其南端突出塾外，在堂的前后，东西厢和室的向内一面有只廊可以走通，整体平面呈日字形。此处建筑的墙用黄土夯筑而成，一般厚0.58～0.75m。墙表与屋内地面均抹有以细砂、白灰、黄土混合而成的“三合土”。墙皮厚0.1cm，表面坚硬、光滑平整。从基址上的堆积物推测，屋顶结构可能是采用立柱和横梁组成的框架，在横梁上承檩列椽，然后覆盖以芦苇，再抹上几层草秸泥，厚7～8cm，形成屋面，屋脊及天沟用瓦覆盖。

（三）封建社会的建筑

1. 秦始皇陵

秦始皇陵是中国历史上第一位皇帝嬴政（公元前259～前210年）的陵寝，是中国第一批世界文化遗产、第一批全国重点文物保护单位、国家AAAAA级旅游景区，位于陕西省西安市临潼区城东5km处的骊山北麓。陵墓近似方形，顶部平坦，腰部略呈阶梯形，高76m，东西宽345m，南北长350m，占地120750m^2。陵园以封土堆为中心，四周陪葬分布众多，其中最为壮观的是秦陵兵马俑的出土。

秦始皇兵马俑陪葬坑坐西向东，三坑呈“品”字形排列。最早发现的是一号俑坑，呈长方形，坑里有8000多个兵马俑，四面有斜坡门道。一号俑坑左右两侧各有一个兵马俑坑，分别称为二号坑和三号坑。

兵马俑坑是地下坑道式的土木结构建筑，即从地面挖一个深约5m的大坑，在坑的中间筑起一条条平行的土隔墙。墙的两边排列木质立柱，柱上置横木，横木和土隔墙上密集地搭盖棚木，棚木上铺一层苇席，再覆盖黄土，从而构成坑顶，坑顶高出当时的地表约2m。俑坑的底部用青砖墁铺。坑顶至坑底内部的空间高度为3.2m。陶俑、陶马放进俑坑后，用立木封堵四周的门道，门道内用夯土填实，于是就形成了一座封闭式的地下建筑。

2. 北京故宫

北京故宫始建于公元1406年，1420年基本竣工。故宫南北长961m，东西宽753m，占地面积72万m^2，建筑面积15.5万m^2。有大小宫殿70多座，房屋9000余间，是世界上现存规模最大、保存最为完整的木质结构古建筑之一。宫城周围环绕着高12m、长3400m的宫墙，墙外有52m宽的护城河环绕，形成了一个壁垒森严的城堡。故宫宫殿建筑均是木结构、黄琉璃瓦顶、青白石底座，饰以金碧辉煌的彩画。故宫有4个门，正门名午门，东门名东华门，西门名西华门，北门名神武门。

一条中轴贯通着整个故宫，这条中轴又在北京城的中轴线上。三大殿、后三宫、御花园都位于这条中轴线上。在中轴宫殿两旁，还对称分布着许多殿宇，也都宏伟华丽。这些宫殿可分为外朝和内廷两大部分。外朝以太和殿、中和殿、保和殿三大殿为中心，文华殿、武英殿为两翼；内廷以乾清宫、交泰殿、坤宁宫为中心，东西六宫为两翼，布局严谨有序。故宫的四个城角都有精巧玲珑的角楼，造型精致美观。

3. 泰姬陵

泰姬陵是印度穆斯林艺术最完美的瑰宝，是世界遗产中的经典杰作之一，被誉为“完美建筑”，又有“印度明珠”的美誉。泰姬陵全称为“泰姬·玛哈尔陵”，是一座由白色大理石建成的巨大陵墓清真寺，是莫卧儿王朝的皇帝沙贾汗为纪念他心爱的妃子，于公元1631～1653年在阿格拉修建的，位于今印度距新德里200多公里外的北方邦的阿格拉（Agra）城内，亚穆纳河右侧，由殿堂、钟楼、尖塔、水池等构成，全部用纯白色大理石构筑，玻璃、玛瑙镶嵌，具有极高的艺术价值。

泰姬陵整个陵园是一个长方形，长576m，宽293m，总面积为17万m^2。四周被一道红砂石墙围绕。正中央是陵寝，在陵寝东西两侧各建有清真寺和答辩厅这两座式样相同的建筑，两座建筑对称均衡，左右呼应。陵的四方各有一座尖塔，高达40m，内有50层阶梯。大门与陵墓由一条宽阔笔直的用红石铺成的甬道相连接，左右两边对称，布局工整。在甬道两边是人行道，人行道中间修建了一个“十”字形喷泉水池。泰姬陵的前面是一条清澄水道，水道两旁种植有果树和柏树。

4. 景福宫

景福宫是朝鲜半岛历史上最后一个统一王朝——朝鲜王朝（李氏朝鲜）的正宫（法宫）。位于朝鲜王朝国都汉城（今韩国首尔），又因位于城北部，故又称“北阙”，是首尔五大宫之首，是朝鲜王朝前期的政治中心。景福宫南面是正门光化，东面是建春门，西面是迎秋门，北面是神武门。景福宫内有勤政殿、思政殿、康宁殿、交泰殿、慈庆殿、庆会楼、香远亭等殿阁。景福宫的正殿勤政殿是韩国古代最大的木结构建筑物，雄伟壮丽，是举行正式仪式及接受百官朝会的大殿。

5. 凡尔赛宫

凡尔赛宫位于法国巴黎西南郊外伊夫林省省会凡尔赛镇，是巴黎著名的宫殿之一，也是世界五大宫殿之一。凡尔赛宫宫殿为古典主义风格建筑，立面为标准的古典主义三段式处理，即将立面划分为纵、横三段，建筑左右对称，造型轮廓整齐、庄重雄伟，被称为是理性美的代表。其内部装潢则以巴洛克风格为主，少数厅堂为洛可可风格，其特点是外形自由，追求动态效果，喜好富丽的装饰和雕刻以及强烈的色彩，常用曲线穿插和椭圆形空间的圆顶以及法国传统的尖顶建筑风格，采用了平顶形式，显得端正而雄浑。宫殿外壁上端，林立着大理石人物雕像，造型优美，栩栩如生。

(四) 欧洲资本主义萌芽时期的建筑

古希腊、古罗马时期的经典柱式再度成为建筑造型的主题，半圆形拱券、厚实的墙面、穹顶等要素也被发掘出来，用来突显哥特式建筑的尖券、尖塔和垂直向上的束柱、飞扶壁等。在结构和施工上，文艺复兴建筑则使用了许多新技术，如混合应用梁柱系统与拱券结构；大型建筑外墙用石材、内部用砖，或者下层用石、上层用砖砌筑；在方形平面上加鼓形座和圆顶；穹顶采用内外壳和肋骨等。

1. 圣彼得大教堂

圣彼得大教堂（St.Peters Basilica Church）又称圣伯多禄大教堂、梵蒂冈大殿，由米开朗琪罗·博那罗蒂（Michelangelo Buonarroti）设计，位于梵蒂冈，建于1506 ~ 1626年，为天主教会重要的象征之一。

作为最杰出的文艺复兴建筑和世界上最大的教堂，其占地面积23000m^2，可容纳超过60 000人，教堂中央是直径42m的穹窿，顶高约138m，前方则为圣彼得广场与协和大道。

2. 佛罗伦萨大教堂

佛罗伦萨大教堂（Basilica di Santamaria del Fiore）又名花之圣母大教堂或圣母百花大教堂，是世界五大教堂之一。佛罗伦萨在意大利语中意味着花之都。大诗人徐志摩把它译作“翡冷翠”，这个译名远远比另一个译名“佛罗伦萨”来得更富诗意，更为色彩，也更符合古城的气质。教堂位于意大利佛罗伦萨历史中心城区，教堂建筑群由大教堂、钟塔与洗礼堂构成，1982年作为佛罗伦萨历史中心的一部分被列入世界文化遗产。

佛罗伦萨主教堂的穹顶是世界上最大的穹顶之一，采用拜占庭教堂的集中形制，将古罗马万神庙的穹顶技术和哥特式的骨架结构结合起来，将穹顶设计为内、外两层。内层是被铁环和木圈箍住的24根肋条构成的鱼骨券，以承担所有的重量；外层的功能则是遮挡风雨。穹顶平面直径为42m，高30m，这在当时被视为技术上的一大奇迹。

为了突出穹顶，修建者砌了一段12m高的鼓座，连同采光亭在内总高107m，成了整个城市轮廓线的中心，足以成为一个城市的标志性建筑物。在当时，这是建筑历史上的一次大幅度的进步。

3. 罗浮宫

罗浮宫位于法国巴黎市中心的塞纳河北岸，位居世界四大博物馆之首。始建于1204年，原是法国的王宫，居住过50位法国国王和王后，是法国文艺复兴时期最珍贵的建筑物之一，以收藏丰富的古典绘画和雕塑而闻名于世。

现为罗浮宫博物馆，历经800多年的扩建重修达到今天的规模，占地面积约198公顷，分新、老两部分。宫前的金字塔形玻璃入口，占地面积为24公顷。罗浮宫已成为世界著名的艺术殿堂，是最大的艺术宝库之一，是举世瞩目的万宝之宫。

（五）当代建筑的发展

1. 悉尼歌剧院

悉尼歌剧院（Sydney Opera House）位于悉尼市区北部，是悉尼市地标建筑物，由丹麦建筑师约恩·乌松（Jorn Utzon）设计，一座贝壳形屋顶下方是结合剧院和厅室的水上综合建筑。歌剧院内部建筑结构则是效仿玛雅文化和阿兹特克神庙修建的。该建筑于1959年3月开始动工，于1973年10月20日正式竣工交付使用，共耗时14年。

悉尼歌剧院是澳大利亚的地标建筑，也是20世纪最具特色的建筑之一，2007年被联合国教科文组织评为“世界文化遗产”。

2. 美国国家美术馆

美国国家美术馆位于美国国会大厦西阶，国家大草坪北边和宾夕法尼亚大街夹角地带，由两座风格迥然不同的花岗岩建筑组成。一座在西，为新古典式建筑，有着古希腊建筑风格。一座在东，是一幢充满现代风格的三角形建筑。两座建筑共同组成了美国国家美术馆。这两座建筑中，西边的一座长240m，底层建筑面积4.7万m^2。

(六) 中华人民共和国成立后的建筑

1. 人民大会堂

人民大会堂位于北京市天安门广场西侧，西长安街南侧。人民大会堂坐西朝东，南北长 336m，东西宽 206m，高 46.5m，占地面积 15 万 m^2，建筑面积 17.18 万 m^2。

人民大会堂壮观巍峨，建筑平面呈“山”字形，两翼略低，中部稍高，四面开门。外表为浅黄色花岗岩，上有黄绿相间的琉璃瓦屋檐，下有 5m 高的花岗岩基座，周围环列有 134 根高大的圆形廊柱。人民大会堂正门面对天安门广场，正门门额上镶嵌着中华人民共和国国徽，正门迎面有 12 根浅灰色大理石门柱，正门柱直径 2m，高 25m。四面门前有 5m 高的花岗岩台阶。人民大会堂建筑风格庄严雄伟，壮丽典雅，富有民族特色，与四周层次分明的建筑构成了一幅天安门广场整体的庄严绚丽的图画。

2. 洛阳涧西苏式建筑群

洛阳涧西苏式建筑群是指 20 世纪 50 年代期间，苏联在洛阳援建重点工程时建造的厂房和生活区等，主要包括洛阳拖拉机厂、洛阳铜加工厂等企业的厂房以及涧西区二号街坊、十号街坊、十一号街坊等苏式建筑。

2011 年 5 月底，洛阳涧西苏式建筑群入选第三批中国历史文化名街，涧西工业遗产街是历届唯一入选的工业遗产项目。2013 年 5 月，该建筑群被国务院核定公布为第七批全国重点文物保护单位。

三、建筑的基本构成要素

构成建筑的基本要素是指不同历史条件下的建筑功能、建筑的物质技术条件和建筑形象。

(一) 建筑功能

建筑功能：一是满足人体尺度活动所需的空间尺度，即人是建筑空间活动的主体，人体的各种活动尺度与建筑空间又有十分密切的关系；二是满足人的生理要求，即要求建筑应具有良好的朝向，有保温、防潮、隔声、防水、采光和通风的性能，为人们提供舒适的卫生环境；三是满足不同建筑使用特点要求，即不同性质的建筑物在使用上又有不同的特点。

满足建筑功能的要求是建筑的主要目的，体现了建筑的实用性，在构成建筑的要素中起主导作用。

(二) 建筑的物质技术条件

建筑的物质技术条件是建造建筑物的手段，一般包括建筑材料、土地、制品、构配件技术、结构技术、施工技术和设备技术（水、电、通风、空调、通信、消防、输送等设备技术）等。建筑的物质技术条件是建筑发展的重要因素，例如，建筑材料是构成建筑的物质基础，通过一定的技术手段运用建筑材料构建建筑骨架，形成建筑空间的实体。建筑技术和建筑设备对建筑的发展同样起重要作用，例如，电梯和大型起重设备的利用促进了高层建筑的发展，计算机网络技术的应用产生了智能建筑，节能技术的出现产生了节能建筑等。

建筑不可能脱离建筑技术而存在，例如，在19世纪中叶以前的几千年间，建筑材料是以砖、瓦、木、石为主，所以古代建筑的跨度和高度都受到限制。19世纪中叶到20世纪初，钢铁、水泥相继出现，为大力地发展高层和大跨度建筑创造了物质条件，可以说，高度发展的建筑技术是现代建筑的一个重要标志。

(三) 建筑形象

建筑除满足人们的使用需求外，又以它不同的空间组合、建筑造型、立面形式、细部与重点处理、材料的色彩和质感、光影和装饰处理等，构成一定的建筑形象。建筑的形象是建筑的功能和技术的综合反映。

不同时代的建筑有不同的建筑形象。如古代建筑与现代建筑的形象就不一样，不同民族、不同地域的建筑也会产生不同的建筑形象，如汉族和少数民族、南方和北方都会形成本民族、本地区各自的建筑形象。

建筑构成的三要素是相互联系、相互约束，又不可分割的辩证统一关系。建筑功能是建筑的目的，是主导因素；物质技术条件是达到建筑目的的手段；而功能不同的各类建筑可以选择不同的结构形式和使用不同的建筑材料，形成不同的建筑形象。所以，在一定功能和技术条件下，应充分发挥设计者的主观作用，使建筑形象更加美观。

四、建筑工程的概念及其基本属性

(一) 建筑工程的概念

工程是运用科学原理、技术手段、实践经验，利用和改造自然，生产开发对社会有用的产品和实践活动的总称。而建筑工程是运用数学、物理、化学等基础知识和力学、材料等技术知识以及专业知识研究各种建筑物设计、修建的一门学科。

由于建筑工程主要涉及房屋等建筑物，所以建筑工程又指房屋建筑工程，即兴建房屋的规划、勘察、设计（建筑、结构和设备）、施工的总称。

土木工程是一门古老、传统、综合的学科，是人类赖以生存与发展的基础。而作为土木工程学科中最有代表性的分支——建筑工程，主要解决社会和科技发展所需的“衣、食、住、行”中“住”的问题，表现为形成人类活动所需要的、功能良好和舒适美观的空间，满足人类物质及精神方面的需要。

（二）建筑工程的基本属性

建筑工程是土木工程学科的重要分支，从广义上讲，建筑工程和土木工程应属同一个意义上的概念。因此，建筑工程的基本属性与土木工程的基本属性大体一致，有以下几点。

1. 综合性

一项建筑工程项目的建设一般都要经过勘察、设计和施工等阶段。每一个阶段的实施过程都需要运用工程地质勘探、工程测量、土力学、建筑力学、建筑结构、工程设计、建筑材料、建筑设备、建筑经济等学科以及施工技术、施工组织等不同领域的知识。所以，建筑工程具有广泛的综合性。

2. 社会性

建筑工程是伴随人类社会的进步而发展起来的，所建造的建筑物和构筑物反映出不同历史时期社会、经济、文化、科学、技术和艺术发展的全貌。建筑工程在相当大的程度上成为社会政治和历史发展的外在特征与标志。

3. 实践性

建筑工程涉及的领域非常广泛，因此，影响建筑工程的因素必然众多且复杂，使得建筑工程对实践的依赖性很强。

4. 技术、经济和艺术的统一性

建筑工程是为人类需求服务的，所以它必然是一定历史时期集社会经济、技术和文化艺术于一体的产物，是技术、经济和艺术统一的结果。

第二节 建筑工程的类别及建筑结构体系

建筑工程的类别有多种，可以按照建筑物的使用性质划分，也可以按照建筑物结构采用的材料划分，同时还可以按照建筑物主体结构的形式和受力系统（也称结构体系）划分。

一、按建筑物的使用性质划分

(一) 住宅建筑

例如，别墅、宿舍、公寓等。其特点是它的内部房间的尺度虽小，但使用布局却十分重要，对朝向、采光、隔热和隔音等建筑技术问题有较高要求。它的主要结构构件为楼板和墙体，层数为一两层到十几层不等。

(二) 公共建筑

例如，展览馆、影剧院、体育馆、候机大厅等。它是大量人群聚集的场所，室内空间和尺度都很大，人流走向问题突出，对使用功能及其设施的要求很高。经常采用将梁柱连接在一起的大跨度框架结构以及网架、拱、壳结构等为主体结构，层数以单层或低层为主。

(三) 商业建筑

例如，商店、银行、商业写字楼等。由于它也是人群聚集的场所，因此有着与公共建筑类似的要求。但它往往可以做成高层建筑，对结构体系和结构形式有较高的要求。

(四) 文教卫生建筑

例如，图书馆、实验楼、医院等。这类建筑有较强的针对性，如图书馆有书库、实验楼要安置特殊实验设备、医院有手术室和各种医疗设施。这种建筑物经常采用框架结构为主体结构，层数以 4 ~ 10 层的多层为主。

(五) 工业建筑

例如，重型机械厂房、纺织厂房 (单层轻工业)、制药厂房、食品厂房 (多层轻工业) 等。它们往往有很大的荷载，沉重的撞击和振动需要巨大的空间，而且经常有湿度、温度、防爆、防尘、防菌、洁净等特殊要求以及要考虑生产产品的起吊运输设备和生产路线等。单层工业建筑经常采用的是排架结构，多层工业建筑往往采用刚接框架结构。

(六) 农业建筑

例如，暖棚、畜牧场等。通常采用的是轻型钢结构。

二、按建筑物结构采用的材料划分

（一）砌体结构

采用砖、石、混凝土砌块等砌体筑成，主要用于建筑物的墙体结构。

（二）钢筋混凝土结构

采用钢筋混凝土或预应力混凝土筑成，主要用于框架结构、剪力墙结构、筒体结构、拱结构、空间薄壳和空间折板结构等。

（三）钢结构

采用各种热轧型钢、冷弯薄壁型钢或钢管通过焊接、螺栓和铆钉等连接方法连接而成，主要用于框架结构、剪力墙结构、筒体结构、拱结构等。

（四）木结构

采用方木、圆木、条木连接而成，但木材主要用于制作建筑物结构所用的木梁、木柱、木屋架、木屋面板等。

（五）薄壳充气结构

主要用于屋盖结构。

三、按建筑物的结构体系划分

（一）墙体结构

是指利用建筑物的墙体作为竖向承重和抵抗水平荷载（如风荷载或水平地震荷载）的结构。墙体同时也可作为围护及房间分隔构件使用。另外，在高层建筑中墙体结构也称为剪力墙结构。

（二）框架结构

是指采用梁、柱组成的框架作为房屋的竖向承重结构，同时承受水平荷载。其中，梁和柱整体连接，相互之间不能自由转动但可以承受弯矩时，称为刚接框架结构；如梁和柱非整体连接，其间可以自由转动但不能承受弯矩时，称为铰接框架结构。

（三）筒体结构

是指利用房间四周墙体形成的封闭筒体（也可利用房屋外围由间距很密的柱与截面很高的梁组成一个形式上像框架，实质上是一个有许多窗洞的筒体）作为主要抵抗水平荷载的结构，也可以利用框架和筒体组合成框架——筒体结构。

（四）错列桁架结构

是指利用整层高的桁架横向跨越房屋两外柱之间的空间，并利用桁架交替在各楼层平面上错列的方法增加整个房屋的刚度，也使居住单元的布置更加灵活，这种结构体系称为错列桁架结构。

（五）拱结构

是指以在一个平面内受力，由曲线（或折线）形构件组成的拱所形成的结构来承受整个房屋的竖向荷载和水平荷载的结构。

（六）空间落壳结构

是指由曲面形板与边缘构件（梁、拱或桁架）组成的空间结构。它能以较薄的板面形成承载能力高、刚度大的承重结构，并能覆盖大跨度的空间而无须中间设柱。

（七）空间折板结构

是指由多块平板组合而成的空间结构。它是一种既能承重又可围护，用料较省，刚度较大的薄壁结构。

（八）网架结构

是指由多根杆件按照一定的网格形式通过节点连接而成的空间结构。具有空间受力、质量轻、刚度大、可跨越较大跨度、抗震性能好等优点。

（九）钢索结构

是指楼面荷载通过吊索或吊杆传递到支承柱上，再由柱传递到基础的结构。这种结构形式类似悬索结构的桥梁。

第三节　建筑物的等级

建筑物可以按照其耐火性能、耐久程度、重要与否等分为不同的建筑等级。设计时应根据不同的建筑等级，采用不同的标准和定额，选择相应的材料和结构形式。

一、建筑物的耐久等级

建筑物的耐久等级是指建筑物的使用年限。使用年限的长短由建筑物的性质决定。影响建筑物使用寿命的主要因素是结构构件的材料和结构体系。例如，我国现行标准《建筑结构可靠性设计统一标准（GB 50068—2018）》对结构设计的使用年限做了如下规定：

1 类：设计使用年限 5 年，适用于临时性的结构。

2 类：设计使用年限 25 年，适用于易于替换的结构构件。

3 类：设计使用年限 50 年，适用于普通房屋和构筑物。

4 类：设计使用年限 100 年，适用于纪念性建筑和特别重要的建筑结构。

二、建筑物的危险等级

危险的建筑物（危房）实际上是指结构已经严重损坏，或者承重构件已属危险构件，随时可能丧失稳定性和承载力，不能保证居住和使用安全的房屋。建筑物的危险性一般分为以下四个等级：

A 级：结构承载力能满足正常使用要求，未发生危险点，房屋结构安全。

B 级：结构承载力基本满足正常使用要求，个别结构构件处于危险状态，但不影响主体结构。

C 级：部分承重结构承载力不能满足正常使用要求，房屋局部出现险情，构成局部危房。

D 级：承重结构承载力已不能满足正常使用要求，房屋整体出现险情，构成整幢危房。

三、建筑结构的安全等级

我国现行标准《建筑结构可靠性设计统一标准（GB 50068—2018）》规定，建筑结构设计时，应根据结构破坏可能产生的后果（危及人的生命、造成经济社会影响等）的严重性，采用不同的安全等级。建筑结构的安全等级划分为以下三个等级：

一级：破坏后果很严重，适用于重要的房屋。

二级：破坏后果严重，适用于一般的房屋。

三级：破坏后果不严重，适用于次要房屋。

第二章　暖通空调施工安装基本知识

第一节　常用阀门和法兰

一、常用阀门

水暖系统所用阀门种类较多，一般是用来控制管道机器设备流体工况的一种装置，在系统中起到控制调节流速、流量、压力等参数的作用。

(一) 阀门的分类

根据不同的功能，阀门有很多种类，如截止阀、闸阀、节流阀、旋塞阀、球阀、止回阀、减压阀、安全阀、浮球阀、疏水阀等。但按其动作特点，可归纳为手动阀门、动力驱动阀门和自动阀门。手动阀门靠人力手工驱动；动力驱动阀门需要其他外力操纵阀门，按不同驱动外力，动力驱动阀门又可分为电动阀门、液压阀门、气动阀门等形式；自动阀门是借用于介质本身的流量、压力、液位或温度等参数发生的变化而自行动作的阀门，如止回阀、安全阀、浮球阀、减压阀、跑风阀、疏水阀等。按承压能力，可分为真空阀门、低压阀门、中压阀门、高压阀门、超高压阀门，一般建筑设备系统中所采用的阀门多为低压阀门。各种工业管道及大型电站锅炉采用中压、高压或超高压阀门。

1. 截止阀

截止阀主要用于热水、蒸汽等严密性要求较高的管路中，阻力比较大。手动截止阀由阀体、阀瓣、阀盖、阀杆及手轮组成，当手轮逆时针转动时，阀杆带动阀瓣沿阀杆螺母、螺纹旋转上升，阀瓣与阀座间的距离增大，阀门便开启或开大；手轮顺时针转动时，阀门则关闭或关小。阀瓣与阀杆活动连接，在阀门关闭时，使阀瓣能够准确地落在阀座上，保证严密贴合，同时也可以减少阀瓣与阀座之间的磨损。填料压盖将填料紧压在阀盖上，起到密封作用。为了减少水阻力，有些截止阀将阀体做成流线形或直流式。

2. 闸阀

闸阀又称闸板阀，是利用与流体垂直的闸板升降控制开闭的阀门，主要用于冷热水管道系统中全开、全关或大直径蒸汽管路不常开关的场合。流体通过闸阀时流向不变，水阻力小，无安装方向，但严密性较差，不宜用于需要调节开度大小启闭频繁或阀门两侧压力差较大的管路上。

3. 减压阀

减压阀的工作原理是使介质通过收缩的过流断面而产生节流，节流损失使介质的压力减低，从而成为所需要的低压介质。减压阀一般有弹簧式、活塞式和波纹管式，可根据各种类型减压阀的调压范围选择和调整。热水、蒸汽管道常用减压阀调整介质压力，以满足用户的要求。

4. 止回阀

止回阀又称逆止阀或单向阀，是使介质只能从一个方向通过的阀门。它具有严格的方向性，主要作用是防止管道内的介质倒流，常用于给水系统中。在锅炉给水管道上、水泵出口管上均应设置止回阀，防止由于锅炉压力升高或停泵造成出口压力降低而产生的炉内水倒流。常用的止回阀有升降式和旋启式。升降式止回阀应安装在水平管道上；旋启式止回阀既可以安装在垂直管道上，也可以安装在水平管道上，阀体均标有方向箭头，不允许装反。

5. 安全阀

安全阀是一种自动排泄装置。当密闭容器内的压力超过工作压力时，安全阀自动开启，排放容器内的介质(水、蒸汽、压缩空气等)，降低容器或管道内的压力，起到对设备和管道的保护作用。安装安全阀前应调整定压，并认真调试，调整后应铅封且不允许随意拆封。安全阀的工作压力应与规定的工作压力范围相适应。常用的安全阀有弹簧式和杠杆式。

6. 疏水器

疏水器是用于蒸汽系统中的一种阻汽设备，主要作用是阻止蒸汽通过，并能顺利排除凝结水。蒸汽在管道内流动，不断产生凝结水，尤其在通过散热设备后会产生大量凝结水。凝结水中夹带部分蒸汽，如果直接流回凝结水池或排放，会降低热效率，并出现水击现象。疏水器可以阻汽排水，提高系统的蒸汽利用率，是保证系统正常工作的重要设备。

7. 蝶阀

蝶阀是一种体积小、构造简单的阀门，常用于给水管道上，分为手柄式和蜗轮传动式。使用时阀体不易漏水，但密闭性较差，不易关闭严密。

8. 旋塞阀

旋塞阀是一种结构简单、开启及关闭迅速、阻力较小的阀门，用手柄操纵。当手柄与阀体成平行状态时为全启位置，当手柄与阀体垂直时为全闭位置，因此不宜作调节阀使用。

9. 球形阀

球形阀的工作原理与旋塞阀相同，但阀芯是球形体，在球形阀芯中间开孔，借助手柄转动球芯达到开关的目的。球形阀的构造简单，体积较小，零部件少，重量较轻，开关迅速，阻力小，严密性和开关性能都比旋塞阀好。但由于密封结构和材料的限制，球阀不宜用在高温介质中。

10. 温控阀

温控阀是由恒温控制器（阀头）、流量调节阀（阀体）及一对连接件组成。根据温包位置可分为温包内置和温包外置（远程式）。温度设定装置也可以分为内置式和远程式，可以按照其窗口显示来设定所要求的控制温度，并加以自动控制。当室温升高时，感温介质吸热膨胀，关小阀门开度，减少了流入散热器的水量；当室温降低时，感温介质放热收缩，阀芯被弹簧推回而使阀门开度变大，增加了流经散热器的水量，恢复室温。

散热器温控阀的阀体具有较佳的流量调节性能，调节阀阀杆采用密封活塞形式。散热器温控阀适用于双管采暖系统，应安装在每组散热器的供水支管上或分户采暖系统的总入口供水管上。恒温控制器的温控阀分为两通型阀与三通型阀，主要应用于单管跨越式系统，其流通能力较大。

11. 平衡阀

平衡阀通过改变阀芯与阀座的间隙（开度），改变流经阀门的流动阻力，达到调节流量的目的。平衡阀还具有关断功能，可以用它代替一个关断阀门。平衡阀在一定的工作差压范围内，可有效地控制通过的流量，动态调节供热管网系统，自动消除系统剩余压力，实现水力平衡。平衡阀可装在热水采暖系统的供水或回水总管上，以及室内供暖系统的各个环路上。在系统、总管及各分支环路上均可装设。阀体上标有水的流动方向箭头，切勿装反。

（二）阀门的表示方法

阀门型号通常应表示阀门类型、驱动方式、连接形式、结构特点、公称压力、密封面材料、阀体材料等要素。阀门型号的标准化对阀门的设计、选用、经销提供了方便。当今阀门的类型和材料种类越来越多，阀门型号的编制也愈来愈复杂。我国虽然有阀门型号编制的统一标准，但逐渐不能适应阀门工业发展的需要。目前，阀门制造厂一般采用统一的编号方法，不能采用统一编号方法的，各生产厂可按自己的情况制订出编号方法。

（三）阀门的识别

阀门的类别、驱动方式和连接形式，可以从阀件的外形加以识别公称直径、公称压力（或工作压力）和介质温度及介质流动方向。对于阀体材料、密封圈材料及带有衬里的阀件材料，必须根据阀件各部位所涂油漆的颜色来识别。

二、常用法兰

法兰包括上下法兰片、垫片及螺栓螺母三部分。从外形上，法兰盘分为圆形、方形和椭圆形，分别用于不同截面形状的管道上，其中圆形法兰用得最多。

（一）法兰类型

法兰一般由钢板加工而成，也有铸钢法兰和铸铁螺纹法兰。根据法兰与管子连接方式不同，法兰可分为平焊法兰、对焊法兰、松套法兰和螺纹法兰等。

1. 平焊法兰

平焊法兰又叫搭焊法兰，多用钢板制作，易于制造、成本低，应用最为广泛。但平焊法兰刚度差，在温度和压力较高时易发生泄漏。平焊法兰一般用于公称压力≤2.5MPa、温度≤300℃的中低压管道。

2. 对焊法兰

由于法兰上有一小段锥形短管（管埠），所以又叫高颈法兰。连接时，管道与锥形短管对口焊接。对焊法兰多由铸钢或锻钢制造，刚度较大，在较高的压力和温度条件下（尤其在温度波动条件下）也能保证密封。适用于工作压力≤20MPa、温度350～450℃的管道连接。

3. 松套法兰

松套法兰又叫活动法兰，法兰与管子不固定，而是活动地套在管子上。连接时，靠法兰挤压管子的翻边部分，使其紧密结合，法兰不与介质接触。松套法兰多用于铜、铝等有色金属及不锈钢管道的连接。

4. 螺纹法兰

螺纹法兰与管端采用螺纹连接，管道之间采用法兰连接。法兰不与介质接触，常用于高压管道或镀锌管连接。螺纹法兰有钢制和铸铁两种。

（二）法兰垫圈

法兰连接的接口为了严密、不渗不漏，必须加垫圈，法兰垫圈厚度一般为3～5mm，垫圈材质根据管内流体介质的性质或同一介质在不同温度和压力的条件下选用，常见的垫圈材料有橡胶板、石棉板、塑料板、软金属板等。其他新型材料应根据其性能及设计要求选用。

（三）法兰螺栓

法兰连接用的螺栓规格应符合标准，螺栓拧紧后露出的螺纹长度不应大于螺栓直径的一半。螺栓在使用前应刷防锈漆 1 ~ 2 遍，面漆与管道一致。安装时，螺栓的朝向应一致。

第二节　常用水暖施工安装机具

一、管道切断机具

（一）小型切管机切割

安装工程常用的小型切管机有手工钢锯、机械锯、滚刀切管器和砂轮切割机，它们的工作原理及操作方法如下。

1. 手工钢锯

手工钢锯切割是工地上广泛应用的管子切割方法。钢锯由锯弓和锯条构成。锯弓前部可旋转、伸缩，方便锯条安装，后部的拉紧螺栓用于拉紧、固定锯条。锯条分细齿和粗齿，细齿锯齿低、齿距小、进刀量小，与管子接触的锯齿多，不易卡齿，用于锯切材质较硬的薄壁金属管子；粗齿锯齿高、齿距大，适用于厚壁有色金属管道、塑料管道或一般管径的钢管锯切。使用钢锯切割管子时，锯条平面必须始终保持与管子垂直，以保证断面平整。

手工钢锯切割的优点是设备简单，灵活方便，切口不收缩和不氧化。缺点是速度慢，费力，切口平整较难掌握。适用于现场切割量不大的小管径金属管道、塑料管道和橡胶管道的切割。

2. 机械锯

机械锯有两种：一种是装有高速锯条的往复锯弓锯床，可以切割直径小于 220mm 的各种金属管和塑料管；另一种是圆盘式机械锯，锯齿间隙较大，适用于有色金属管和塑料管切割。使用机械锯时，要将管子放平稳并夹紧，锯切前先开锯空转几次；管子快锯完时，适当降低速度，以防管子突然落地伤人。

3. 滚刀切管器

滚刀切管器由滚刀、刀架和手柄组成，适用于切割管径小于100mm的钢管。切管时，用压力钳将管子固定好，然后将切管器刀刃与管子切割线对齐，管子置于两个滚轮和一个滚刀之间，拧动手柄，使滚轮夹紧管子，然后进刀边沿管壁旋转，将管子切割。滚刀切管器切割钢管速度快，切口平整，但会产生缩口，必须用绞刀刮平缩口部分。

4. 砂轮切割机

砂轮切割机切管是利用高速旋转的砂轮片与管壁接触摩擦切削，将管壁磨透切割。使用砂轮切割机时，要将管子夹紧，砂轮片要与管子保持垂直，开启切割机，等砂轮转速正常以后再将手柄下压，下压进刀不能用力过猛。砂轮切割机切管速度快，移动方便，省时省力，但噪声大，切口有毛刺。砂轮机能切割管径小于150mm的管子，特别适合切割高压管和不锈钢管，也可用于切割角钢、圆钢等各种型钢。

由于塑料管或铝塑复合管材质较软，管径较小的管子可采用专用的切管器或剪管刀手工切割，管径较大的管子可采用钢锯切割或机械锯切割。

（二）氧气—乙炔焰切割

氧气—乙炔焰切割是利用氧气和乙炔气混合燃烧产生的高温火焰加热管壁，烧至钢材呈黄红色（1100～1150℃），然后喷射高压氧气，使高温的金属在纯氧中燃烧生成金属氧化物熔渣，又被高压氧气吹开，割断管子。

氧气—乙炔焰切割有手工氧气—乙炔焰切割和机械氧气—乙炔焰切割机切割。

1. 手工氧气—乙炔焰切割

手工氧气—乙炔焰切割的装置有氧气瓶、乙炔发生器或乙炔气瓶、割炬和橡胶管。

氧气瓶是由合金钢或优质碳素钢制成的，容积为38～40L。满瓶氧气的压力为15MPa，必须经压力调节器降压使用。氧气瓶内的氧气不得全部用光，当压力降到0.3～0.5MPa时应停止使用。氧气瓶不可沾油脂，也不可放在烈日下曝晒，与乙炔发生器的距离要大于5m，距离操作地点应大于10m，防止发生安全事故。

乙炔发生器是利用电石和水发生反应产生乙炔气的装置。工地上用得较多的是钟罩式乙炔发生器和滴水式乙炔发生器。钟罩式乙炔发生器钟罩中装有电石的篮子沉入水中后，电石与水反应产生乙炔气，乙炔气聚集于罩内，当罩内压力与浮力之和等于钟罩总重量时，钟罩浮起，停止反应。滴水式乙炔发生器采取向电石滴水产生乙炔气，调节滴水量可控制乙炔气产气量。

为方便使用，也可设置集中式乙炔发生站，将乙炔气装入钢瓶，输送到各用气点使用。乙炔气瓶容积为 5～6L，工作压力为 0.03MPa，用碳素钢制成，使用时应竖直放置。割炬由割嘴、混合气管、射吸管、喷嘴、预热氧气阀、乙炔阀和切割气阀等构成。其作用是一方面产生高温氧气—乙炔焰，熔化金属，另一方面吹出高压氧气，吹落金属氧化物。

切割前，先在管子上画线，将管子放平稳，并除锈渣，管子下方应留有一定的空间；切割时，先调整割炬，待火焰呈亮红色后，再逐渐打开切割氧气阀，按照画线进行切割；切割完成后应快速关闭氧气阀，再关闭乙炔阀和预热氧气阀。

2. 机械氧气—乙炔焰切割机切割

固定式机械氧气—乙炔焰切割机由机架、割管传动机构、割枪架、承重小车和导轨等组成。工作原理是割枪架带动割枪做往复运动，传动机构带动被切割的管子旋转。固定式机械氧气—乙炔焰切割机全部操作不用画线，只需调整割枪位置，切割过程自动完成。

便携式氧气—乙炔焰切割机为一个四轮式刀架座，用两根链条紧固在被切割的管壁上。切割时摇动手轮，经过减速器减速后，刀架座绕管子移动，固定在架座上的割枪完成切割作业。

氧气—乙炔焰切割操作方便、适用灵活，效率高、成本低，适用于各种管径的钢管、低合金管、铅管和各种型钢的切割，一般不用于不锈钢管、高压管和铜管的切割，切割不锈钢管和耐热钢管可以采用氧溶剂切割机，不锈钢管也可用空气电弧切割机切割。

(三) 大型机械切管机切割

大直径钢管除用氧气—乙炔焰切割外，还可以采用机械切割。切割坡口机由单相电动机、主体、传动齿轮装置、刀架等部分组成，能同时完成坡口加工和切割管径 75～600mm 的钢管。

三角定位大管径切割机，这种切割机较为方便，对于地下管道或长管道的切割十分方便（管道直径在 600mm 以下，壁厚 12～20mm 以内尤为适合）。

二、管螺纹加工机具

由于管路连接中各种管件大都是内螺纹，所以管螺纹的加工主要是指管端外螺纹的加工。管螺纹加工要求螺纹端正、光滑、无毛刺、无断丝缺扣（允许不超过螺纹全长的高），螺纹松紧度适宜，以保证螺纹接口的严密性。管螺纹加工可采用人工绞板套丝或电动套丝机套丝。两种套丝装置机构基本相同，即绞板上装着板牙，用以切削管壁产生螺纹。

(一) 人工绞板套丝

在绞板的板牙架上设有4个板牙滑轨，用于装置板牙；带有滑轨的活动标盘可调节板牙进退；绞板后均设有三卡爪，通过可调节卡爪手柄可以调整卡爪的进出，套丝时用以把绞板固定在不同管径的管子上。一般在板牙尾部及板牙孔处均印有1、2、3、4的序号字码，以便对应装入板牙，防止顺序装乱造成乱丝和细丝螺纹。板牙每组四块，能套两种管径的螺纹，使用时应按管子规格选用对应的板牙。

(二) 手工套丝

套丝前首先将管子端头的毛刺处理掉，管口要平直。将管子夹在压力钳上，加工端伸出钳口150mm左右，在管头套丝部分涂以润滑油；然后套上绞板，通过手柄定好中心位置，同时使板牙的切削牙齿对准管端，再使张开的板牙合拢，进行第一遍套丝。第一遍套好后，拧开板牙，取下绞板。将手柄转到第二个位置，使板牙合拢，进行第二遍套丝。

为了避免断丝、龟裂，保证螺纹标准、光滑，公称直径在25mm以下的小口径管道管螺纹套两遍为宜，公称直径在25mm以上的管螺纹套三遍为宜。

管螺纹的加工长度与被连接件的内螺纹长度有关。连接各种管件内螺纹一般为短螺纹（如连接三通、弯头、活接头、阀门等部件）。当采用长丝（用锁紧螺母组成的长丝）连接时，需要加工长螺纹。

采用绞板加工管螺纹时，常见缺陷及产生的原因有以下几种。

1. 螺纹不正

产生的原因是绞板中心线和管子中心线不重合或手工套丝时两臂用力不均使绞板被推歪；管子端面锯切不正也会引起套丝不正。

2. 偏扣螺纹

由于管壁厚薄不均匀或卡爪未锁紧所造成。

3. 细丝螺纹

由于板牙顺序弄错或板牙活动间隙太大所造成；对于手工套丝，一个螺纹要经过2～3遍套丝完成，若第二遍未与第一遍对准，也会出现细丝或乱丝。

4. 螺纹不光或断丝缺扣

由于套丝时板牙进刀量太大、板牙不锐利或损坏、套丝时用力过猛或用力不均匀，以及管端上的铁渣积存等原因所引起。为了保证螺纹质量，套丝时第一次进刀量不可太大。

5. 管螺纹有裂缝

若出现竖向裂缝，是焊接钢的焊缝未焊透或焊缝不牢所致；如果螺纹有横向裂缝，则是板牙进刀量太大或管壁较薄而产生。

(三) 电动机械套丝

电动套丝机一般能同时完成钢管切割和管螺纹加工，加工效率高，螺纹质量好，工人劳动强度低，因此得到广泛应用。电动套丝在结构上分为两大类：一类是刀头和板牙可以转动，管子卡住不动；另一类是刀头和板牙不动，管子旋转。施工现场多采用后者。

电动套丝机的主要基本部件包括机座、电动机、齿轮箱、切管刀具、卡具、传动机构等，有的还有油压系统、冷却系统等。

为了保证螺纹加工质量，在使用电动机械套丝机加工螺纹时要施以润滑油。电动套丝机设有乳化液加压泵，采用乳化液做冷却剂及润滑剂。为了处理钢管切割后留在管口内的飞刺，有些电动套丝机设有内管口铣头，当管子被切刀切下后，可用内管口铣头来处理这些飞刺。由于切削螺纹不允许高速运行，电动套丝机中需要设置齿轮箱，主要起减速作用。

(四) 管口螺纹的保护

管口螺纹加工后必须妥善保护。最好的方法是将管螺纹临时拧上一个管箍(也可采用塑料管箍)，如果没有管箍可采用水泥袋纸临时包扎一下，这样可防止在工地短途运输中碰坏螺纹。如果在工地现场边套丝边安装，可不必采取管箍或水泥袋纸保护，但也要精心保护，避免磕碰。管螺纹加工后，若需放置，要在螺纹上涂些废机油，而后加以保护，以防生锈。

三、钢管冷弯常用机具

钢管冷弯法是指钢管不加热，在常温下进行弯曲加工的方法。由于钢管在冷态下塑性有限，弯曲过程费力，所以冷煨弯适用于管径小于175mm的中小管径和较大弯曲半径的钢管。冷弯法有手工冷弯和机械冷弯，手工冷弯借助于弯管板或弯管器弯管；机械冷弯依靠外力驱动弯管机弯管。

(一) 手工冷弯法

1. 弯管板冷弯

冷弯最简便的方法是弯管板煨弯。弯管板可用厚度30～40mm、宽250～300mm、长150mm左右的硬质木板制成。板上按照需煨弯的管子外径开圆孔，煨弯时，将管子插入孔中，加上套管，作为杠杆，以人工施力压弯。这种方法适用于煨制管径较小和弯曲角不大的弯管，如连接散热器的支管来回弯。

2. 滚轮弯管器冷弯

由固定滚轮、活动滚轮、管子夹持器及杠杆组成。弯管时，将要弯曲的管子插入两滚轮之间，一端由夹扶器固定，然后转动杠杆，则使活动轮带动管子绕固定轮转动，管子被拉弯，达到需要的弯曲角度后停止转动杠杆。这种弯管器的缺点是每种滚轮只能弯曲一种管径的管子，需要准备多套滚轮，且使用时笨重，费体力，只能弯曲管径小于25mm的管子。

3. 小型液压弯管机弯管

小型液压弯管机以两个固定的导轮作为支点，两导轮中间有一个弧形顶胎，顶胎通过顶棒与液压机连接。弯管时，将要弯曲的管段放入导轮和顶胎之间，采用手动油泵向液压机打压，液压机推动顶棒使管子受力弯曲。小型液压弯管机的弯管范围为管径15～40mm，适合施工现场安装采用。当以电动活塞泵代替人力驱动时，弯管管径可达125mm。

(二) 机械冷弯法

钢管煨弯采用手工冷弯法工效较低，既费体力又难以保证质量，所以对管径大于25mm的钢管一般采用机械弯管机。机械弯管的弯管原理有固定导轮弯管和转动导轮弯管。固定导轮弯管是导轮位置不变，管子套入夹圈内，由导轮和压紧导轮夹紧，随管子向前移动，导轮沿固定圆心转动，管子被弯曲。转动导轮弯管在弯曲过程中，导轮一边转动，一边向下移动。机械弯管机有无芯冷弯弯管机和有芯冷弯弯管机，按驱动方式，分为有电动机驱动的电动弯管机和上述液压泵驱动的液压弯管机等。

四、管子连接常用机具

分段的管子要经过连接才能形成系统，完成介质的输送任务，钢管的主要连接方法有螺纹连接、法兰连接、焊接等。此外，还有适用于铸铁管或塑料管的承插连接、热熔连接、黏结、挤压头连接等。

(一) 钢管螺纹连接

钢管螺纹连接是将管段端部加工的外螺纹与管子配件或设备接口上的内螺纹拧在一起。一般管径在100mm以下，尤其是管径为15～40mm的小管子大都采用螺纹连接。

（二）螺纹连接常用工具及填料

1. 管钳

管钳是螺纹接口拧紧常用的工具。管钳有张开式和链条式。张开式管钳应用较广泛。管钳的规格是以铂头张口中心到手柄尾端的长度来标称的，此长度代表转动力臂的大小。安装不同管径的管子应选用对应号数的管钳。若用大号管钳拧紧小管径的管子，虽因手柄长省力，容易拧紧，但也容易因用力过大拧得过紧而胀破管件；大直径的管子用小号管钳子，费力且不容易拧紧，而且易损坏管钳。不允许用管子套在管钳手柄上加大力臂，以免把铂颈拉断或铂颚被破坏。

2. 填充材料

为了增加管子螺纹接口的严密性和维修时不致因螺纹锈蚀不易拆卸，螺纹处一般要加填充材料。填充材料既要能充填空隙又要能防腐蚀。热水采暖系统或冷水管道常用的螺纹连接填充材料有聚四氟乙烯胶带或麻丝沾白铅油（铅丹粉拌干性油）。介质温度超过115℃的管路接口可沾黑铅油（石墨粉拌干性油）和石棉油。氧气管路用黄丹粉拌甘油（甘油有防火性能）；氨管路用氧化铝粉拌甘油。应注意的是，若管子螺纹套得过松，只能切去丝头重新套丝，而不能采取多加填充材料来防止渗漏，以保证接口长久严密。

第三节　常用通风空调工程加工方法和机具

金属风管及配件的加工工艺基本上可分为画线、剪切、折方和卷圆、连接（咬口、铆接、焊接）、法兰制作等工序。

一、画线

按风管规格尺寸及图纸要求把风管的外表面展开成平面，即在平板上依据实际尺寸画出展开图，这个过程称为展开画线，俗称放样。画线的正确与否直接关系到风管尺寸大小和制作质量，所以画线时要角直、线平、等分准确；剪切线、倒角线、折方线、翻边线、留孔线、咬口线要画齐、画全；要合理安排用料，节约板材，经常校验尺寸，确保下料尺寸准确。

常用划线工具包括以下几种。

(一) 不锈钢钢板尺

长度1m，分度值1mm，用来度量直线和画线。

(二) 钢板直尺

长度2m，分度值1mm，用以画直线。

(三) 直角尺

用来画垂直线或平行线，并用于找正直角。

(四) 划规、地规

用来画圆、画圆弧或截取线段长度。

(五) 量角器

用来测量和划分角度。

(六) 划针

用工具钢制成，端部磨尖，用以画线。

(七) 样冲

用以冲点做记号。

二、剪切

板材的剪切就是将板材按画线形状进行裁剪的过程。剪切可根据施工条件用手工剪切或机械剪切。

(一) 手工剪切

手工剪切最常用的工具为手剪。手剪分为直线剪和弯剪。直线剪适用于剪切直线和曲线的外圆；弯剪适用于剪切曲线的内圆。手剪的剪切板材厚度一般不超过1.2mm。

(二) 机械剪切

机械剪切常用的工具有龙门剪板机、双轮直线剪板机、振动式曲线剪板机、联合冲剪机等。龙门剪板机适用于剪切板材的直线割口。选择龙门剪板机时，应选用能够剪切长度为2000mm、厚度为4mm的板材。双轮直线剪板机适用于剪切厚度不大于2mm的直线和曲率不大的曲线板材。振动式曲线剪板机适用厚度不大于2mm板材的曲线剪切，剪切时，可不必预先錾出小孔，就能直接在板材中间剪出内孔。曲线剪板机也能剪切直线，但效率较低。联合冲剪机既能冲孔又能剪切，它可切断角钢、槽钢、圆钢及钢板等，也可冲孔、开三角凹槽等，适用的范围比较广泛。

板材剪切必须按划线形状进行裁剪；留足接口的余量（如咬口、翻边余量）；做到切口整齐，直线平直，曲线圆滑，倒角准确。

三、折方和卷圆

折方用于矩形风管的直角成形。手工折方时，先将厚度小于1.0mm的钢板放在工作台上，使画好的折方线与槽钢边对齐，将板材打成直角，然后用硬木方尺进行修整，打出棱角，使表面平整。机械折方时，则可使用手动扳边折方机进行压制折方。

卷圆用于制作圆形风管时的板材卷圆。手工卷圆一般只能卷厚度在1mm以内的钢板，机械卷圆则使用卷圆机进行。

四、连接

金属板材的连接方式有咬口连接、铆钉连接和焊接。

（一）咬口连接

咬口连接是将要相互接合的两个板边折成能相互咬合的各种钩形，钩接后压紧折边。这种连接适用于厚度$\delta \leq 1.2$mm的普通薄钢板和镀锌薄钢板、厚度$\delta \leq 1.0$mm的不锈钢板及厚度$\delta \leq 1.5$mm的铝板。

咬口的加工主要是折边（打咬口）和咬口压实。折边应宽度一致、平直均匀，以保证咬口缝的严密及牢固；咬口压实时不能出现含半咬口和张裂等现象。

加工咬口可用手工或机械来完成。

1. 手工咬口

木方尺（拍板）用硬木制成，用来拍打咬口。硬质木槌用来打紧打实咬口。钢制方钟用来制作圆风管的单立咬口和咬口修正矩形风管的角咬口。工作台上固定有槽钢、角钢或方钢，用来做拍制咬口的垫铁；做圆风管时，用钢管固定在工作台上做垫铁。手工咬口，工具简单，但工效低、噪声大，质量也不稳定。

2. 机械咬口

常用的咬口机械有手动或电动扳边机、矩形风管直管和弯头咬口机、圆形弯头咬口机、圆形弯头合缝机、咬口压实机等。国内生产的各种咬口机，系列比较齐全，能满足施工需求。

咬口机一般适用于厚度为1.2mm以内的折边咬口。如直边多轮咬口机，它是由电动机经皮带轮和齿轮减速，带动固定在机身上的槽形不同的滚轮转动，使板边的变形由浅到深，循序渐变，被加工成所需咬口形式。机械咬口操作简便，成形平整光滑，生产效率高，无噪声，劳动强度低。

(二) 铆钉连接

铆钉连接简称铆接，它是将两块要连接的板材板边相重叠，并用铆钉穿连铆合在一起的方法。

在通风空调工程中，一般由于板材较厚而无法进行咬接或板材虽不厚但材质较脆不能咬接时才采用铆接。随着焊接技术的发展，板材间的铆接已逐渐被焊接取代。但在设计要求采用铆接或镀锌钢板厚度超过咬口机械的加工性能时，仍需使用铆接。

在通风空调工程中，铆接除了个别地方用于板与板之间连接外，还大量用于风管与法兰的连接。

铆接可采用手工铆接和机械铆接。

1. 手工铆接

手工铆接主要工序有画线定位、钻孔穿铆钉、垫铁打尾、罩模打尾成半圆形铆钉帽。这种方法工序较多，工效低，且捶打噪声大。

2. 机械铆接

在通风空调工程中，常用的铆接机械有手提电动液压铆接机、电动拉铆枪及手动拉铆枪等。机械铆接穿孔、铆接一次完成，工效高，省力，操作简便，噪声小。

(三) 焊接

因通风空调风管密封要求较高或板材较厚不能用咬口连接时，板材的连接常采用焊接。常用的焊接方法有电焊、气焊、锡焊及氩弧焊。

1. 电焊

电焊适用于厚度大于1.2mm钢板间连接和厚度大于1mm不锈钢板间连接。板材对接焊时，应留有0.5～1mm对接缝；搭接焊时，应有10mm左右搭接量。不锈钢焊接时，焊条的材质应与母材相同，并应防止焊渣飞溅玷污表面，焊后应进行清渣。

2. 气焊

气焊适用于厚度为 0.8 ~ 3mm 薄钢板间连接和厚度大于 1.5mm 铝板间连接。气焊不得用于不锈钢板的连接，因为气焊过程中在金属内发生增碳和氧化作用，使焊缝处的耐腐蚀性能降低。气焊不适宜厚度小于 0.8mm 钢板焊接，以防板材变形过大。对于厚度为 0.8 ~ 3mm 钢板气焊，应先分点焊，然后沿焊缝全长连续焊接。铝板焊接时，焊条材质应与母材相同，且应清除焊口处和焊丝上的氧化皮及污物，焊后应用热水去除焊缝表面的焊渣、焊药等。

3. 锡焊

锡焊一般仅适用于厚度小于 1.2mm 薄钢板连接。因焊接强度低，耐温低，一般用锡焊做镀锌钢板咬口连接的密封。

4. 氩弧焊

氩弧焊常用于厚度大于 1mm 不锈钢板间连接和厚度大于 1.5mm 铝板间连接。氩弧焊因加热集中，热影响区域小，且有氩气保护焊缝金属的特性，故焊缝有很高的强度和耐腐蚀性能。

第四节　常用水暖工程器具及设备

一、给水系统增压设备

给水系统增压设备有水泵、高位水箱、气压装置及变频调速给水等。

(一) 水泵

水泵是提升水量的机械设备，种类多，在给排水工程中使用最广的是离心水泵。水泵常设在建筑的底层或地下室内，这样可以减小建筑载荷、振动和噪声，也便于水泵吸水。水泵的吸水方式有两种：一种是直接由配水管上吸水，适用于配水管供水量较大，水泵吸水时不影响管网的工作场所；另一种是由配水管上直接抽水，这种方法简便、经济，安全可靠。如不允许直接抽水时，可建造储水池，池中储备所需的水量，水泵从池中抽水加压后，送入供水管网，供建筑各部分用水。储水池中存储生活用水和消防用水，供水可靠，对配水管网无影响，是一般常用的供水方法。

(二) 水箱

水箱水面通向大气，且高度不超过 2.5m，箱壁承受压力不大，材料可用金属

（如钢板）焊制，但需做防腐处理。有条件时可用不锈钢、铜及铝板焊制；非金属材料用塑料、玻璃钢及钢筋混凝土等，较耐腐蚀。水箱有圆形、方形和矩形，也可根据需要选用其他形状。圆形水箱结构合理，造价低，但占地较大，不方便；方形、矩形较好，但结构复杂，耗材多，造价较高。目前常用玻璃钢制球形水箱，水箱应装设下列管道和设备。

1. 进水管

由水箱侧壁或顶部等处接入。当利用配水管网压力进水时，进水管出口装设浮球阀或液压控制阀两个，阀前应装有检修阀门；若水箱由水泵供水时，应利用水位升降控制水泵运行。

2. 出水管

由箱侧或底部接出，位置应高出箱底50mm，保证出水水质良好。若生活与消防合用水箱时，必须确保消防储备水量不作他用的技术措施。

3. 溢流管

防止箱水满溢用，可由箱侧或箱底接出，管径宜较进水管大1~2号，但在水箱底下1m后，可缩减至与进水管径相同。溢水管上不得装设阀门，下端不准直接接入下水管，必须间接排放，排放设备的出口应有滤网、水封等设备，以防昆虫、灰尘进入水箱。

4. 泄水管

泄空或洗刷水箱排污用，由底部最低处接出，管上装有闸阀，可与溢流管相连，管径一般不小于50mm。

5. 通气管

水箱接连大气的管道，通气管接在水箱盖上，管口下弯并设有滤网，管径不小于50mm。

6. 其他设备

如指示箱内水位的水位计、有维修的检修孔及信号管等。

（三）气压装置

气压装置是一种局部升压和调节水量的给水设备，该设备是用水泵将水压入密闭的罐体内，压缩罐内空气，用水时，罐内空气再将存水压入管网，供各用水点用水。其功能与水塔或高位水箱基本相似，罐的送水压力是压缩空气而不是位置高度，因此只要变更罐内空气压力即可。气压装置可设置在任何位置，如室内外、地下、地上或楼层中，应用较灵活、方便，具有建设快、投资省、供水水质好、消除水垢作用等优点。但罐的容量小，调节水量小，罐内水压变化大，水泵启闭频繁，故耗电能多。

气压装置的类型很多，有立式、卧式、水气接触式及隔离式；按压力是否稳定，可分为变压式和定压式，变压式是最基本的形式。

1. 变压式

罐内充满着压缩空气和水，水被压缩空气送往给水管中，随着不断用水，罐内水量减少，空气膨胀，压力降低，当降到最小设计压力时，压力继电器起动水泵，向给水管及水箱供水，再次压缩箱内空气，压力上升；当压力升到最大工作压力时，水泵停泵。

运行一段时间后，罐内空气量减少，需用补气设备进行补充，以利运行。补气可用空压机或自动补气装置。变压式为最常用的给水装置，广泛应用于用水压力无严格要求的建筑物中。

由于上述气压装置是水气合于一箱，空气容易被水带出，存气逐渐减少，因而需要时常补气，为此可以采用水气隔离设备，如装设弹性隔膜、气囊等，使气量保持不变，可免除补气的麻烦，这种装置称隔膜式或囊式气压装置。

2. 定压式

在用水压力要求稳定的给水系统中，可采用定压的装置，可在变压式装置的供水管设置安全阀，使压力调到用水要求压力或在双罐气压装置的空气连通管上设置调压阀，保持要求的压力，使管网处于定压下运行。

（四）变频调速给水

水泵的动力机多用交流异步电动机，其转速为定值，如2900r／min、1450r／min、980r／min等，水泵在定速下有一定的水量高效区，但用水量是变化的，水泵难以长期在高效区内运行，尤其是用水量低时，常用关小出水阀门的方法来减小水量，浪费很多电能；也有的用多台水泵，根据用水量的大小、开动水泵的台数来调整用水量的变化；或设置屋顶水箱进行水量和压力调节，保证正常供水。这些措施设备较复杂，占地位大，运行管理技术要求高，应采用自动化控制运行。

由水泵的性能可知，改变电机的转速，可以改变水泵出水流量和压力的特性关系。电机转速的改变，通过改变电源频率较为方便，这种调节频率的设备称为变频器。利用变频器及时调整水泵运行速度来满足用水量的变化，并达到节能的目的，该设备称为变频调速供水设备。

水泵启动后向管网供水，由于用水量的增加，管网压力降低，由传感器将压力或流量的变化改为电信号输给控制器，经比较、计算和处理后，指令变频器增大电源频率，并输入电机，提高水泵的转速，使供水量增大，如此直到最大供水量；高峰用水后，水量减小，也通过降低电源频率，降低供水量，以适用用水量变化的需要，从而达到节电的目的。但变频也是有限度的，变化太大也会使水泵低效运行，为此可设置小型水泵或小型气压罐，这样备用水量小或夜间使用，可节约更多的电能。

二、排水系统卫生器具

排水系统卫生器具按其功能分为下列几类。

第一，排泄污水、污物的卫生器具有大便器、小便器、倒便器、漱口盆等；第二，盥洗、沐浴用卫生器具有洗脸盆、净身器、洗脚盆（槽）、盥洗槽、浴盆、淋浴器等；第三，洗涤用卫生器具有洗涤盆、污水盆等；第四，其他专用卫生器具有化验盆、水疗设备、伤残人员专用卫生器具等。

（一）排泄污水、污物的卫生器具

1. 大便器

我国常用的大便器有坐式、蹲式和大便槽三种。

（1）坐式大便器

有冲洗式和虹吸式两种，其构造本身包括存水弯。

（2）蹲式大便器

蹲式大便器常安装在公共厕所或卫生间内。大便器需装设在台阶中。

2. 大便槽

大便槽是个狭长开口的槽，多用水磨石或瓷砖建造。使用大便槽卫生条件较差，但设备简单，造价低。我国目前常用于一般公共建筑（学校、工厂、车站等）或城镇公共厕所。大便槽的宽度一般为200～250mm，底宽150mm，起端深度350～400mm，槽底坡度不小于0.015，槽的末端应设有不小于150mm的存水弯接入排水管。

3. 小便器

小便器有挂式、立式和小便槽三种。

挂式小便器悬挂在墙上，它可以采用自动冲洗水箱，也可采用冲洗阀，每只小便器均设存水弯。

立式小便器装置在标准较高的公共建筑内，如展览馆、大剧院、宾馆等男厕所内，多为两个以上成组安装。其冲洗设备常用自动冲洗水箱。

小便槽建造简单，造价低，能同时容纳较多的人员使用，故广泛应用于公共建筑、工厂、学校和集体宿舍的男厕所中。小便槽宽300～400mm，起端槽深不小于100mm，槽底坡度不小于0.01。小便槽可用普通阀门控制多孔管冲洗或用自动冲洗水箱定时冲洗。

(二) 盥洗、沐浴用卫生器具

1. 洗脸盆

洗脸盆常装在卫生间、盥洗室和浴室中。洗脸盆有长方形、椭圆形和三角形等。安装时可采用墙架式、柱脚式或台式，排水管上应装存水弯。

2. 盥洗槽

盥洗槽一般有长条形（单面或双面）和圆形，常用钢筋混凝土或水磨石建造，槽宽 500 ~ 600mm，槽沿离地面 800mm，水龙头布置在离槽沿 200mm 高处。

3. 浴盆

浴盆设在住宅、宾馆、医院等卫生间及公共浴室内，有长方形和方形两种。其可用搪瓷、生铁、玻璃钢等材料制成。

4. 淋浴器

淋浴器与浴盆比较，具有占地面积小、造价低和卫生等优点，故广泛应用在集体宿舍、体育馆场、公共浴室中。

5. 净身器

专供妇女洗濯下身之用，一般设在妇产科医院、工厂女卫生间及设备完善的住宅和宾馆卫生间内。

(三) 洗涤用卫生器具

1. 洗涤盆

洗涤盆设在住宅厨房及公共食堂厨房内，一般用钢筋混凝土、水磨石制成。

2. 污水盆

污水盆设在公共厕所和盥洗室中，供打扫厕所、洗涤拖布、倾倒污水之用。常用水磨石制造。

(四) 其他专用卫生器具

1. 饮水器

在火车站、剧院、体育馆等公共场所常装设饮水器。

2. 地漏

地漏用来排除地面积水，一般在卫生间、厨房、浴室、洗衣房等地应设置地漏。

三、热水系统加热设备

(一) 直接加热

直接加热是利用燃料直接烧锅炉将水加热或利用清洁的热媒(如蒸汽与被加热水混合)加热水，具有加热方法直接简便、热效率高的特点。但要设置热水锅炉或其他水加热器，占有一定的建筑面积，有条件时宜用自动控制水的加热设备。

(二) 间接加热

间接加热是被加热水不与热媒直接接触，而是通过加热器中的传热面的传热作用来加热水，如用蒸汽或热网水等来加热水，热媒放热后，温度降低，仍可回流到原锅炉房复用，因此热媒不需要大量补充水，既可节省用水，又可保护锅炉不生水垢，提高热效能。间接加热法研用的热源，一般为蒸汽或过热水，如当地有废热或地热水时，应先考虑作为热源的可能性。

(三) 常用加热器

1. 热水锅炉

热水锅炉有多种形式，如卧式、立式等，燃料有烧煤、油及燃气等，如有需要，可查有关锅炉设备手册。近年来生产的一种新型燃油或燃气的热水锅炉，采用三回程的火道，可充分利用热能，热效率很高，结构紧凑，占地面积小，炉内压力低，运行安全可靠，供应热水量较大，环境污染小，是一种较好的直接加热的热水锅炉。

2. 汽水混合加热器

将清洁的蒸汽通过喷射器喷入储水箱的冷水中，使水汽充分混合而加热水，蒸汽在水中凝结成热水，热效率高，设备简单、紧凑，造价较低，但喷射器有噪声，需设法隔除。

3. 家用型热水器

在无集中热水供应系统的居住建筑中，可以设置家用热水器来供应洗沐热水。现市售的有燃气热水器及电力热水器等，燃气热水器已广泛应用，唯在通气不足的情况下，容易发生使用者中毒或窒息的危险，因此禁止将其装设在浴室、卫生间等处，必须设置在通风良好的处所。

4. 太阳能热水器

太阳能是个巨大、清洁、安全、普遍、可再生的能源。利用太阳能加热水是一种简单、经济的方法，常用的有管板式、真空管式等加热器，其中以真空管式效果最佳。真空管是两层玻璃抽成真空，管内涂选择性吸热层，有集热效高、热损失小、不受太阳位置影响、集热时间长等优点。但太阳能是一种低密度、间歇性能源，辐射能随昼夜、气象、季节和地区而变，因此在寒冷季节，尚需备有其他热水设备，以保证终年均有热水供应。

5. 容积式热水加热器

容积式加热器内储存一定量的热水量，用以供应和调节热水用量的变化，使供水均匀稳定，它具有加热器和热水箱的双重作用。器内装有一组加热盘管，热媒由封头上部通入盘管内，冷水由器下进入，经热交换后，被加热水由器上部流出，热媒散热后凝水由封头下部流回锅炉房。容积式加热器供水安全可靠，但有热效率低、体积大、占地面积大的缺点。

近年来经过改进，在器内增设导流板，加装循环设备，提高了热交换效能，较传统的同型加热器的热效提高近两倍。热媒可用热网水或蒸汽，节能、节电、节水效果显著，已列入国家专利产品。

6. 半容积式加热器

半容积式加热器是近年来生产的一种新型加热器，其构造的主要特点是将一组快速加热设备安装于热水罐内，由于加热面积大，水流速度较容积式加热器的流速大，提高了传热效果，增大了热水产量，因而减小了容积。半容积式加热器体积缩小了，节省了占地面积，运行维护工作方便，安全可靠。经使用后，效果比原标准容积式加热器的效能大大提高，是一种较好的热水加热设备。

7. 快速热水器

快速热水器也称为快速式加热器，即热即用，没有储存热水容积，体积小，加热面积较大，被加热水的流速较容积式加热器的流速大，提高了传热效率，因而加快热水产量。此种加热器适用于热水用水量大而均匀的建筑物。由于利用不同的热媒，可分为以热水为热媒的水—水快速加热器及以蒸汽为热媒的汽—水快速加热器。加热器由不同的筒壳组成，筒内装设一组加热小管，管内通入被加热水，管筒间通过热媒，两种流体逆向流动，水流速度较高，提高热交换效率，加速热水。可根据热水用量及使用情况，选用不同型号及组合节筒数，满足热水用量要求。

还可利用以蒸汽为热媒的汽—水快速加热器，器内装设多根小径传热管，管两端镶入管板上，器的始末端装有小室，起端小室分上下部分，冷水由始端小室下部进入器内，通过小管时被加热，至末端再转入上部小管继续加热，被加热水由始端小室上部流出，供应使用。蒸汽由器上部进入，与器内小管中流行的冷水进行热交换，蒸汽散热成为凝结水，由器下部排出。其作用原理与水—水快速加热器基本相同，也适用于用水较均匀且有蒸汽供应的大型用水户，如用于公共建筑、饭店、工业企业等。

8. 半即热式热水加热器

半即热式热水加热器也属于有限量储水的加热器，其储水量很小，加热面积大、热水效率高、体积极小。它由有上下盖的加热水筒壳、热媒管及回水管多组加热盘管和极精密的温度控制器等组成，冷水由筒底部进入，被盘管加热后，从筒上部流入热水管网供应热水，热媒蒸汽放热后，凝结水由回水管流回锅炉房。热水温度以独特的精密温度控制器来调节，保证出水温度要求。盘管为薄壁铜管制成，且为悬臂浮动装置。由于器内冷热水温度变化，盘管随之伸缩，扰动水流，提高换热效率，还能使管外积垢脱落，沉积于器底，可在加热器排污时除去。此种半即热式热水加热器，热水效率高，体形紧凑，占地面积很小，是一种较好的加热设备。适用于热水用量大而较均匀的建筑物，如宾馆、医院、饭店、工厂、船艇及大型的民用建筑等。

第三章　建筑暖通工程

一个建筑物或房间存在着各种获得热量或散失热量的途径，存在着某一时刻由各种途径进入室内的得热量或散出室内的失热量（耗热量）。当建筑物房间内的失热量大于（或小于）得热量时，室内温度会降低（或升高），为了保持室内的要求温度，就要保持建筑房间内的得热量和失热量相等，即维持房间在某一温度下的热平衡。

冬冷夏热是自然规律，在冬季，由于室外温度的下降，室内温度也会随之下降，要使室内在冬季都保持一个舒适的环境就需要安装供暖设备，采用人工的方法向室内供应热量。这些补充的热量就成为供暖系统应承担的任务，即系统的负荷。

热负荷的概念是建立在热平衡理论基础上的。供暖系统设计热负荷，是指在某一室外设计计算温度下，为达到一定室内的设计温度值，供暖系统在单位时间内应向建筑物供给的热量。热负荷通常以房间为对象逐个房间进行计算，以这种房间热负荷为基础，就可确定整个供暖系统或建筑物的供暖热负荷。它是供暖系统设计最基本的依据。供暖设备容量的大小、热源类型及容量等均与热负荷大小有关，因此，热负荷的计算是供热系统设计的基础。

第一节　供暖系统热负荷

一、供暖建筑及室内外设计计算温度

（一）供暖建筑的热工要求

在稳态传热条件下，供暖系统设计热负荷可由房间在一定室内外设计计算条件下得热量与失热量之间的热平衡关系来确定。由传热的基本理论可知，面积为 Fm^2 的平壁传热量可表示为：

$$Q = KF\left(t_{f1} - t_{f2}\right) \tag{3-1}$$

由公式（3-1）可知，影响热负荷大小的因素有：墙体的传热系数、室外气象条

件及室内散热情况等。只要减小外墙面积、墙体传热系数、室内外温差就可以达到减小供暖系统负荷的目的，从而节约能源。

我国根据能源、经济水平等因素针对供暖能耗制订了一系列节能规范和技术措施，其中对设置全面供暖的建筑物，规定围护结构的传热热阻，应根据技术经济比较确定，而且应符合国家民用建筑热工设计规范和节能标准的要求，并要求不同地区供暖建筑各围护结构传热系数不应超过规范规定的限值，建筑耗热量、供暖耗煤量指标不应超过规定的限值。

(二) 室内外设计计算温度

1. 室外空气设计计算温度

室外空气设计计算温度是指供暖系统设计计算时所取得的室外温度值。建筑物冬季供暖室外计算温度，是在科学统计下，经过经济技术比较得出的。根据相关国家规范的规定，冬季供暖室外计算温度采用历年平均不保证 5 天的日平均温度。冬季供暖室外计算温度用于建筑物用供暖系统供暖时计算围护结构的热负荷。

2. 室内空气设计计算温度

室内空气设计计算温度的选择主要取决于以下两点。

(1) 建筑房间使用功能对舒适的要求

影响人舒适感的主要因素是室内空气温度、湿度和空气流动速度等。

(2) 地区冷热源情况、经济情况和节能要求等因素

根据我国国家标准的规定，对舒适性供暖室内计算温度可供用 16～25℃。对具体的民用和公用建筑，由于建筑房间的使用功能不同，其室内计算参数也会有差别。

二、热负荷

建筑物冬季供暖设计热负荷计算通常涉及的房间得热量、失热量有：

第一，建筑围护结构的传热耗热量。

第二，通过建筑围护结构物进入室内的太阳辐射热。

第三，经由门、窗缝隙渗入室内的冷空气所形成的冷风渗透耗热量。

第四，经由开启的门、窗、孔洞等侵入室内的冷空气所形成的冷风侵入耗热量。

第五，通风系统在换气过程中从室内排向室外的通风耗热量。

围护结构的耗热量是指当室内温度高于室外温度时，通过围护结构向外传递的热量。其他一些失热量，包括人体及工艺设备、照明灯具、电气用具、冷热物料、开敞水槽等散热量或吸热量，一般并不普遍存在，或者散发量小且不稳定，通常可不计入。这样，对不设通风系统的一般民用建筑（尤其是住宅）而言，往往只需考虑

前四项就够了。

(一) 围护结构的耗热量

在工程设计中，供暖系统的设计热负荷，一般由围护结构基本耗热量、围护结构附加（修正）耗热量、冷风渗透耗热量和冷风侵入耗热量四部分组成。

围护结构基本耗热量是指在设计条件下，通过房间各部分围护结构（门、窗、地板、屋顶等）从室内传到室外的稳定传热量的总和。附加（修正）耗热量是指围护结构的传热状况发生变化而对基本耗热量进行修正的耗热量。附加（修正）耗热量包括风力附加、高度附加和朝向修正等耗热量。

1. 围护结构基本耗热量

在计算基本耗热量时，由于室内散热不稳定，室外气温、日照时间、日射强度以及风向、风速等都随季节、昼夜或时刻而不断变化，因此，通过围护结构的传热过程是一个不稳定过程。但对一般室内温度容许有一定波动幅度的建筑而言，在冬季将它近似按一维稳定传热过程来处理。这样，围护结构的传热就可以用较为简单的计算方法进行计算。因此，工程中除非对室内温度有特别要求，一般均按稳定传热公式（3-2）进行计算：

$$Q=\alpha FK\left(t_{\mathrm{n}}-t_{\mathrm{w}}\right),\mathrm{W} \tag{3-2}$$

式中：α ——温差修正系数；

F——计算传热面积，m^2；

K——传热系数，应按设计手册的规定原则从建筑图上量取，W /（m^2 · ℃）；

t_n——冬季室内计算温度，见《全国民用建筑工程设计技术措施：暖通空调 · 动力》，℃；

t_w——供暖室外计算温度，见《民用建筑供暖通风与空气调节设计规范（GB 50736—2012）》。

2. 围护结构附加耗热量

围护结构的附加耗热量按其占基本耗热量的百分率确定，包括朝向修正率、风力附加率和外门开启附加率。

(1) 朝向修正率

不同朝向的围护结构，受到的太阳辐射热量是不同的；同时，不同的朝向，风的速度、频率也不同。因此，其修正率为：①北、东北、西北的朝向取 0 ~ 10%；②东、西的朝向取－5%；③东南、西南的朝向取－15% ~ －10%；④南的朝向取－30% ~ －15%。

选用修正率时应考虑当地冬季日照率及辐射强度的大小。冬季日照率小于35%的地区，东南、西南和南向的朝向采用−10%~0%，东西朝向不修正。当建筑物受到遮挡时，南向按东西向，其他方向按北向进行修正。建筑物偏角小于15°时，按主朝向修正。

当窗墙面积比大于1∶1时（墙面积不包含窗面积），为了与一般房间有同等的保证率，宜在窗的基本耗热量中附加10%。

（2）风力附加率

建筑在不避风的高地、河边、海岸、旷野上的建筑物，其垂直的外围护结构应加5%。

（3）外门开启附加率

为加热开启外门时侵入的冷空气，对于短时间开启的、无热风幕的外门，可以用外门的基本耗热量乘以按表3-1中查出的相应的附加率。阳台门不应考虑外门开启附加率。

表3–1 外门开启附加率（建筑物的楼层数为n时）

一道门	65%n
两道门（有门斗）	80%n
三道门（有两个门斗）	60%n
公共建筑的主要出入口	500%

注：1. 外门开启附加率仅适用于短时间开启的、无热风幕的外门。2. 仅计算冬季经常开启的外门。3. 外门是指建筑物底层入口的门，而不是各层各住户的外门。4. 阳台门不应计算外门开启附加率。

（4）两面外墙附加率

当房间有两面外墙时，宜对外墙、外门及外窗附加5%。

（5）高度附加率

由于室内温度梯度的影响，往往使房间上部的传热量加大。因此规定：当房间（楼梯间除外）净高超过4m时，每增加1m应附加2%，但总附加率不应超过15%。地面辐射供暖的房间高度大于4m时，每高出1m宜附加1%，但总附加率不宜大于8%。

（6）间歇附加率

对于间歇使用的建筑物，宜按下列规定计算间歇附加率（附加在耗热量的总和上）：仅白天使用的建筑物：20%；不经常使用的建筑物：30%。

3. 门窗缝隙渗入冷空气的耗热量

由于建筑物的窗、门缝隙宽度不同，风向、风速和频率因地点和朝向而不同，应根据建筑物的内部隔断、门窗构造、门窗朝向、室内外温度和室外风速等因素确定。因此，冷空气渗透耗热量按式（3-3）计算：

$$Q = 0.28 c_p \rho_w L \left(t_n - t_w\right), W \quad (3-3)$$

式中：L——渗透冷空气量，m^2/h；

ρ_w——供暖室外计算温度下的空气密度，kg/m^3；

t_n——冬季室内设计温度，℃；

t_w——供暖室外计算温度，℃。

(二) 供暖设计热负荷的估算

根据《全国民用建筑工程设计技术措施——暖通空调·动力》的规定，只设供暖系统的民用建筑物，其供暖热负荷可按下列方法之一进行估算。

1. 面积热指标法

当只知道建筑总面积时，其供暖热负荷可采用面积热指标法进行估算。

$$Q_0 = q_f F \times 10^{-3}, kW \quad (3-4)$$

式中：Q_0——建筑物的供暖设计热负荷，kW；

F——建筑物的建筑面积，m^2；

q_f——建筑物供暖面积热指标，W/m^2，它表示每 $1m^2$ 建筑面积的供暖设计热负荷。

2. 窗墙比公式法

当已知外墙面积和窗墙比时，供暖热负荷可采用式（3-5）估算：

$$Q = (7a + 1.7) W \cdot \left(t_n - t_w\right), \text{ W} \quad (3-5)$$

式中：Q——建筑物供暖热负荷，W；

a——外窗面积与外墙面积（包括窗）之比；

W——外墙总面积（包括窗），m^2；

t_n——室内供暖设计温度，℃；

t_w——室外供暖设计温度，℃。

考虑到对建筑围护物的最小热阻和节能热阻以及对窗户密封程度随地区的限值，建议对严寒地区，将计算结果乘以0.9左右的系数；对寒冷地区，将所得结果乘以1.05～1.10的系数。

应指出的是，建筑物的供暖耗热量，最主要是通过垂直围护结构（墙、门、窗等）向外传递热量，而不是直接取决于建筑平面面积。供暖热指标的大小主要与建筑物的围护结构及外形有关。当建筑物围护结构的传热系数越大、采光率越大、外部体积越小或建筑物的长宽比越大时，单位体积的热损失，也即热指标值也越大。因此，从建筑物的围护结构及其外形方面考虑降低建筑耗热指标值的种种措施，是建筑节能的主要途径，也是降低集中供热系统的供暖设计热负荷的主要途径。

第二节　热水、蒸汽供暖系统分类

一、供暖系统的分类及特点

供暖系统基本可按以下几方面分类。

(一) 供暖系统按使用热媒的不同

可分为热水供暖、蒸汽供暖、燃气红外辐射供暖及热风供暖4类，见表3-2。

表3–2　供暖系统分类表

供暖热媒	热媒工况或方式	运行动力	特点
热水	低温热水供暖（水温＜100℃）	重力循环	不需要外来动力，运行时无噪声、系统简单。由于作用压头小，所需管径大，作用半径不超过50m。只宜用于没有集中供热热源、对供热质量有特殊要求的小型建筑物中
		机械循环	水的循环动力来自循环水泵机械循环的作用半径大，是集中供暖的主要形式，是集中供暖系统的主要形式
	高温热水供暖（水温100～130℃）	机械循环	散热器表面温度高，易烫伤皮肤，烤焦有机灰尘，卫生条件及舒适度较差，但可节省散热器用量，供回水温差较大，可减小管道系统管径，降低输送热媒所消耗的电能，节省运行费用。主要用于对卫生要求不高的工业建筑及其辅助建筑中
蒸汽	低压蒸汽供暖（气压＞0.07MPa）	重力（开式）回水	民用建筑使用较少
	高压蒸汽供暖（气压＞0.07MPa）	余压（闭式）回水	多用于公共建筑和工业厂房
燃气红外辐射	天然气、人工煤气、液化石油气等		可用于建筑物室内供暖或室外工作地点供暖，但采用燃气红外线辐射供暖必须采取相应的防火防爆和通风换气等安全措施

续表

供暖热媒	热媒工况或方式	运行动力	特点
热风	(集中式)0.1 ~ 0.4MPa 的高压蒸汽或≥ 90℃的热水	离心风机	热水和蒸气两用。主要用于工业厂房值班供暖外的热量供应，适用于耗热量大的高大空间建筑；卫生要求高并需要大量新鲜空气或全新风的房间；能与机械送风系统合并时；利用循环风供暖经济合理时；热媒供水温度≥ 90℃
	(分散式)	轴流风机	冷热水两用

(二) 供暖系统按系统的循环动力不同

可分为重力（自然）循环循环系统和机械循环系统。

重力循环供暖系统不需要外来动力，运行时无噪声，设备安装简单，调节方便，维护管理方便。由于作用压头小，所需管径大，只宜用于没有集中供热热源、对供热质量有特殊要求的小型建筑物中，特别适用于面积不大的一二层的小住宅、小商店等民用建筑采用。

比较高大的建筑，采用重力循环供暖系统时，由于受到作用压力、供暖半径的限制，往往难以实现系统的正常运行。而且，因水流速度小，管径偏大，也不经济。因此，对于比较高大的多层建筑、高层建筑及较大面积的小区集中供暖，都采用机械循环供暖系统。机械循环供暖系统，是靠水泵作为动力来克服系统环路阻力的，比重力循环供暖系统的作用压力大得多，是集中供暖系统的主要形式。

(三) 供暖系统按供暖的散热方式不同

可分为对流供暖（散热器供暖）和辐射供暖两种。

二、室内热水供暖系统

(一) 室内热水供暖系统的分类

室内热水供暖系统常按以下方式分类。

1. 按供水温度分类

可以分为高温热水供暖系统和低温热水供暖系统。

各国高温水与低温水的界限不一样。我国将供水温度高于 100℃的系统称为高温水供暖系统；供水温度低于100℃的系统称为低温水供暖系统。

高温水供暖系统的热效率高，节省燃料，供回水温差大，管材与散热器的用量少，用于较大面积的集中供暖，降低输送热媒所消耗的电能，节省运行费用，具有投资少、效益高、能维持比较适宜的室内温度的优点。但高温水供暖系统由于散热器表面温度高，易烫伤皮肤，烤焦有机灰尘，卫生条件及舒适度较差，主要用于对卫生要求不高的工业建筑及其辅助建筑中。低温水供暖系统的优缺点正好与高温水供暖系统相反，是民用及公用建筑的主要供暖系统形式。

2. 按供暖系统的供回水的方式分类

供暖工程中通常“供”是指供出热媒，“回”是指回流热媒。在对供暖系统分类和命名时，整个供暖系统或它的一部分可用“供”与“回”来表明垂直方向流体的供给指向。“上供式”是热媒沿垂向从上向下供给各楼层散热器的系统；“下供式”是热煤沿垂向从下向上供给各楼层散热器的系统。“上回”是热煤从各楼层散热器沿垂向从下向上回流；“下回”是热媒从各楼层散热器沿垂向从上向下回流。

3. 按散热器的连接方式分类

按散热器的连接方式将热水供暖系统分为垂直式与水平式系统，如图3-1所示。垂直式供暖系统是指不同楼层的各散热器用垂直立管连接的系统，如图3-1（a）所示；水平式供暖系统是指同一楼层的散热器用水平管线连接的系统，如图3-1（b）所示。垂直式供暖系统中一根立管可以在一侧或两侧连接散热器［见图3-1(a）中左边立管］，将垂直式系统中向多个立管供给或汇集热媒的管道称为供水干管或回水干管。水平式系统中的管道3和管道4与垂直式系统中的立管和干管不同，称为水平式系统供水立管和水平式系统回水立管，水平式系统中向多根垂直布置的供水立管分配热媒或从多根垂直布置的回水立管回收热媒的管道也称为供水干管或回水干管，如图3-1（b）所示。

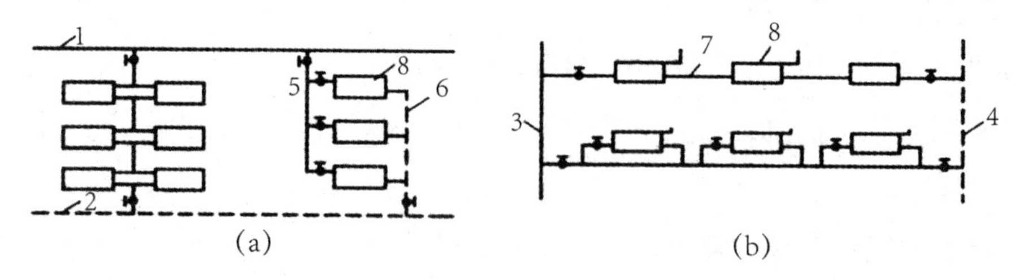

图3-1　垂直式与水平式供暖系统

(a) 垂直式；(b) 水平式

1. 供水干管；2. 回水干管；3. 水平式系统供水立管；4. 水平式系统回水立管；
5. 供水立管；6. 回水立管；7. 水平支路管道；8. 散热器

水平式系统如图3-1(b）所示，可用于公用建筑楼堂馆所等建筑物。用于住宅时便于设计成分户计量热量的系统。

该系统大直径的干管少，穿楼板的管道少，有利于加快施工进度。室内无立管比较美观。设有膨胀水箱时，水箱的标高可以降低，便于分层控制和调节。用于公用建筑，如水平管线过长时容易因胀缩引起漏水。为此要在散热器两侧设“乙”字弯，每隔几组散热器加“乙”字弯管补偿器或方形补偿器，水平顺流式系统中串联散热器组数不宜太多。可在散热器上设放气阀或多组散热器用串联空气管来排气。

4. 按连接散热器的管道数量分类

按连接相关散热器的管道数量将热水供暖系统分为单管系统与双管系统，如图3-2所示。

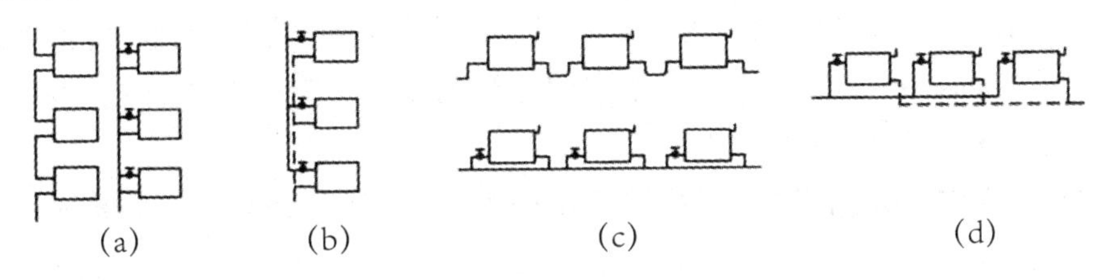

图3–2　单管系统与双管系统

(a)垂直单管;(b)垂直双管;(c)水平单管;(d)水平双管

(1) 单管系统

是用一根管道将多组散热器依次串联起来的系统。如单管所关联的散热器位于不同的楼层，则形成垂直单管；如所关联的散热器位于同一楼层，则形成水平单管。图3-2(a)表示垂直单管，其左边为单管顺流式，右边为单管跨越管式；图3-2(c)为水平单管，其上图为水平顺流式，下图为水平跨越管式。

单管系统节省管材，造价低，施工进度快，顺流单管系统不能调节单个散热器的散热量，跨越管式单管系统采取多用管材(跨越管)、设置散热器支管阀门和增加散热器片的代价换取散热量在一定程度上的可调性；单管系统的水力稳定性比双管系统的好。如采用上供下回式单管系统，往往底层散热器片数较多，有时造成散热器布置困难。

对5层及5层以上建筑宜采用垂直单管系统，立管所带层数不宜大于12层，严寒地区立管所带层数不宜超过6层。垂直单管式系统一般应采用上供下回式。在立管上、下端均应设置检修阀门，立管下端应设置泄水装置。每组散热器供回水支管间宜设置跨越管。

水平单管式系统可无条件设置诸多立管的多层或高层建筑，散热器宜采用异侧上进下出方式。散热器供回水支管间宜设置跨越管。

(2) 双管系统

是用两根管道将多组散热器相互并联起来的系统。图 3-2（b）为垂直双管；图 3-2（d）为水平双管。双管系统可单个调节散热器的散热量，管材耗量大，施工麻烦，造价高，易产生竖向失调。

垂直双管系统一般适用于 4 层及 4 层以下的建筑，当散热器设自力式恒温阀，经过水力平衡计算负荷要求时，可应用于层数超过 4 层的建筑。垂直双管式一般宜采用下供下回式系统，当要求集中放风且顶层有条件布置干管时，可采用上供下回式系统。每组散热器进出口应设置阀门。立管上应设置检修阀门和泄水装置。

水平双管或系统适用于底层大空间供暖建筑（如汽车库、大餐厅等）。

（3）单双管混合式系统

对于 12 层以上的建筑可采用单双管系统，即单管式系统和双管式系统隔几层设置。该系统应采用上供下回式。组成单双管系统的每一个双管系统应不超过 4 层。

5. 按并联环路水的流程分类

按各并联环路水的流程，可将供暖系统划分为同程式系统与异程式系统，如图 3-3 所示。

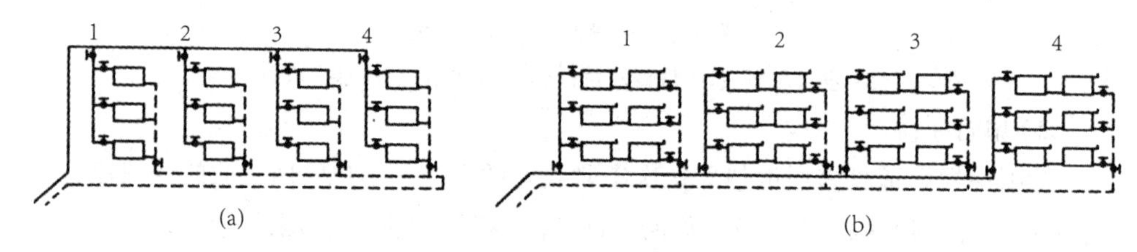

图 3–3　同程式系统与异程式系统

（a）同程式系统；（b）异程式系统

（1）热媒沿各循环环路流动时，其流程相同的系统（各环路管路总长度基本相等的系统）称为同程式系统，如图 3-3（a）所示。图 3-3（a）中立管 1 离供水最近，离回水最远；立管 4 离供水最远，离回水最近；通过 1 ~ 4 各立管环路供回水干管路径长度基本相同。

水力计算时同程式系统各环路易于平衡，水力失调（沿水平方向各房间的室内温度偏离设计工况称为水平失调）较轻，布置管道妥当时耗费管材不多。有时可能要多耗费管材，这取决于系统的具体条件和布管的技巧。系统底层干管明设有困难时要置于管沟内。

（2）热煤沿各循环环路流动时，流程不同的系统为异程式系统，如图 3-3（b）所示。系统中第 1 循环环路供回水干管均短，第 4 循环环路供回水干管都长。通过 1 ~ 4 各部分环路供回水管路的长度都不同。只有 1 个循环环路的流程没有同程与异程之分。

异程式系统节省管材，降低投资。但由于流动阻力不易平衡，常导致水平失调现象。要从设计上采取措施解决远近环路的不平衡问题，如减小干管阻力、增大立支管路阻力、在立交管路上采用性能好的调节阀等。一般把从热力入口到最远的循环管路（图 3-3 中的循环管路 4）水平干管的展开长度称为供暖系统的作用半径。机械循环系统作用压力大，因此，允许阻力损失大，系统的作用半径大。作用半径较大的系统宜采用同程式系统。

（二）重力循环热水供暖系统

1. 工作原理

重力循环供暖系统，如图 3-4 所示，是利用供水与回水的密度差而进行循环的。它不需要任何外界动力，只要锅炉生火，系统便开始运行，所以又称自然循环供暖系统。系统中水靠供回水密度差循环，水在锅炉中受热，在散热器中热水将热量散发给房间。为了顺利排出空气，水平供水干管标高应沿水流方向下降，因为重力循环系统中水流速度较小，可以采用汽水逆向流动，使空气从管道高点所连膨胀水箱排除。

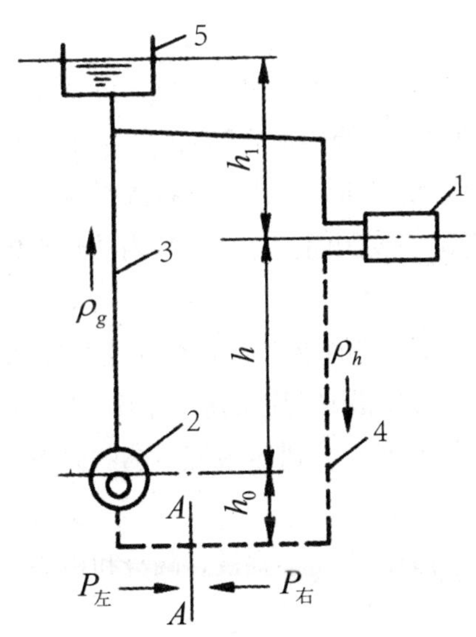

图 3–4　重力循环供暖系统

1. 散热器；2. 锅炉；3. 供水管；4. 回水管；5. 膨胀水箱

假设水温在锅炉（加热中心）和散热器（冷却中心）两处发生变化，同时假设在循环环路最低点的断面 $A—A$ 处有一个阀门。如果将阀门关闭，则在断面 $A—A$ 两侧受到不同的水柱压力。这两方面所受到的水柱压力差就是驱动水在系统内进行循环流动的作用压力。

2. 重力循环供暖系统的设计

重力循环供暖系统的作用压力一般都不大，所以要求系统的管路部件要尽量少，管道要尽量短，管径要相对大一些。要求任何一个环路的阻力损失，都不能超过系统的作用压力。否则，正常的运行将难以实现。因此，重力循环热水供暖系统特点是作用半径小（不超过 50m）、升温慢、作用压力小、管径大、系统简单、不消耗电能。

常用的重力循环热水供暖系统的形式有以下几种。

（1）单管上供下回式

用于多层建筑，水力稳定性好；可以缩小散热中心与锅炉的距离。

（2）双管上供下回式

用于 3 层以下的建筑（不大于 10m），易产生垂直失调，室温可调。

（3）单户式

用于单层单户建筑，一般锅炉房与散热器在同一平面，散热器安装高度应提高至少 300 ~ 400mm。

与机械循环系统相比较，重力循环供暖系统有以下几点不同之处，在设计安装时应予注意。

第一，膨胀水箱（兼补水罐）应接在锅炉出水总管顶部的最高点（距供水干管顶标高 300 ~ 500mm 处），使整个系统的坡度趋向膨胀水箱，使膨胀水箱既解决水的受热膨胀问题，又担负着给系统充水、补水，并排除系统中空气的作用。从锅炉至膨胀水箱之间的管道上，不得装设阀门。保持锅炉内的热水始终与大气相通，以确保安全运行。

第二，膨胀水箱连接点以后的供水和回水管道均应低头走，并保持有不小于 3% 的坡度。使系统中的空气能沿着管道的坡度向高处聚集，并通过膨胀水箱排至大气。排出系统中的空气十分重要，供暖系统不热的原因，许多都是空气阻断了水流断面造成的。

回水管道应一直坡向锅炉，中途不宜设置翻身和抬头。系统的最低点应设一个泄水堵，作为系统冲洗及泄水之用。

第三，在进行系统设计时，环路不可太长，最大供暖半径一般不超过 50m。管件应尽量少，以减小局部阻力。管径应适当加大，在力求环路平衡的条件下，控制摩擦压力损失 $\Delta p_m = 2 \sim 30\text{Pa/m}$，水流速度 $v = 0.2 \sim 0.25\text{m/s}$。环路末端的管径不宜小于 $Dg20$。

由管道散热所形成的作用压力，在进行管径计算时可忽略不计，这样做可使系统的作用压力留有一定的余地。

第四，重力循环系统的散热器，应采用上进下出式连接。两层以上的系统，宜采用单管垂直串联式，目的是充分利用系统的作用压力。

第五，锅炉的位置在可能的条件下应尽量降低，使散热器与锅炉之间尽量保持较大的高差，以增大系统的作用压力。

（三）机械循环热水供暖系统

机械循环热水供暖系统（见图 3-5）中水的循环动力来自循环水泵。膨胀水箱多接到循环水泵之前。在此系统中膨胀水箱不能排气，所以在系统供水干管末端设有集气罐，干管向集气罐抬起。

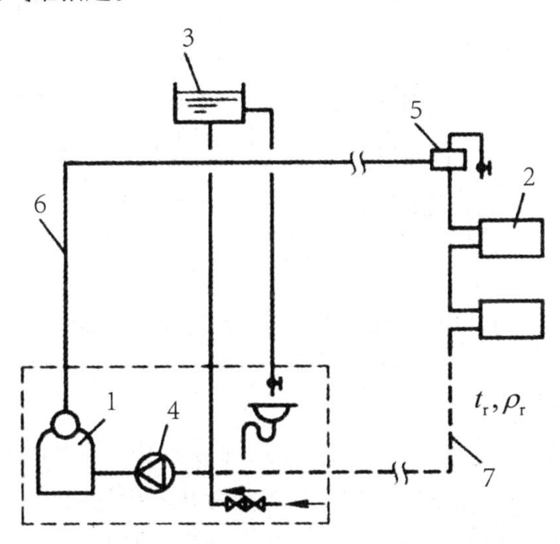

图 3–5　机械循环热水供暖系统

1. 锅炉；2. 散热器；3. 膨胀水箱；

4. 循环水泵；5. 集气罐；6. 供水管；7. 回水管

机械循环热水供暖系统是现在应用最广泛的供暖形式，常用的形式如下。

1. 双管上供下回式

供回水干管分别设置于系统最上面和最下面，布置管道方便，排气顺畅，是用得最多的系统形式。这种方式适用于室温有调节要求的建筑，但易产生垂直失调。

2. 双管下供下回式

供回水干管均位于系统最下面。与上供下回式相比，供水干管无效热损失小、可减轻上供下回式双管系统的竖向失调（沿竖向各房间的室内温度偏离设计工况称为竖向失调）。因为上层散热器环路重力作用压头大，但管路长，阻力损失大，有利于水力平衡。顶棚下无干管比较美观，可以分层施工，分期投入使用。底层需要设管沟或有地下室，以便于布置两根干管，要在顶层散热器设放气阀或设空气管排除空气。这种方式适用于室温有调节要求且顶层不能铺设干管时的建筑。

3. 双管中供式

如图3-6所示，它是供水干管位于中间某楼层的系统形式。供水干管将系统垂向分为两部分。上半部分系统可为下供下回式系统或上供下回式系统，而下半部分系统均为上供下回式系统。中供式系统可减轻竖向失调，但计算和调节都比较麻烦，这种方式适用于顶层供水干管无法敷设或边施工边使用的建筑，对楼层扩建有利。

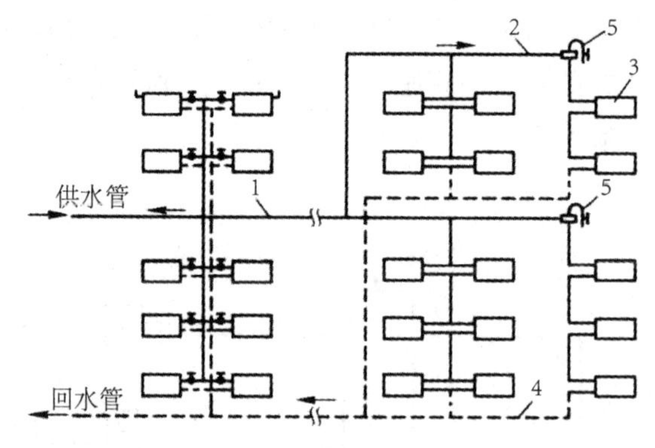

图3-6 中供式热水供暖系统

1. 中部供水管；2. 上部供水管；3. 散热器；

4. 回水干管；5. 集气罐

4. 双管下供上回式

供水干管在系统最下面，回水干管在系统最上面。与上供下回式系统相对照，被称为倒流式系统。与上供下回式相比，底层散热器平均温度升高，从而减少底层散热器面积，有利于解决某些建筑物中一层散热器面积过大、难以布置的问题。立管中水流方向与空气浮升方向一致，在四种系统形式中最有利于排气。当热媒为高温水时，底层散热器供水温度高，由于水静压力也大，因此有利于防止水的汽化。这种方式适用于热媒为高温水、室温有调节要求的建筑。但会降低散热器传热系数，浪费散热器。

5. 垂直单管上供下回式

这种方式适用于一般多层建筑，是最常用的一般单管系统，具有水力稳定性好、排气方便和安装构造简单的特点。

6. 垂直单管下供上回式

这种方式适用于热媒为高温水的多层建筑。但会降低散热器传热系数，浪费散热器。

7. 水平单管跨越式

这种方式适用于单层建筑串联散热器组数过多时。系统每个环路串联散热器数量不受限制，每组散热器可以调节。但排气需单独设立排气管或排气阀。

8. 双管上供上回式

供回水干管均位于系统最上面。供暖干管不与地面设备及其他管道发生占地矛盾。但立管消耗管材量增加，立管下面均要设放水阀。这种方式主要用于设备和工艺管道较多的、沿地面布置干管发生困难的工厂车间。

(四) 热水供暖系统形式的选择

散热器热水供暖应优先采用闭式机械循环系统；环路的划分应以便于水力平衡、有利于节省投资及能耗为主要依据，一般可采用异程布置；有条件时宜按朝向分别设置环路。

三、高层建筑热水供暖系统

高层建筑楼层多，供暖系统底层散热器承受的压力加大，供暖系统的高度增加，更容易产生竖向失调。在确定高层建筑热水供暖系统与集中热网相连的系统形式时，不仅要满足本系统最高点不倒空、不汽化，底层散热器不超压的要求，还要考虑该高层建筑供暖系统连到集中热网后不会导致其他建筑物供暖散热器超压。高层建筑供暖系统的形式还应有利于减轻竖向失调。在遵照上述原则下，高层建筑热水供暖系统也可有多种形式。

(一) 分区式高层建筑热水供暖系统

分区式高层建筑热水供暖系统是将系统沿垂直方向分成两个或两个以上独立系统的形式，其分界线取决于集中热网的压力工况、建筑物总层数和所选散热器的承压能力等条件。

低区可与集中热网直连或间接连接。高区部分可根据外网的压力选择下述形式。分区式系统可同时解决系统下部散热器超压和系统易产生竖向失调的问题。

1. 高区采用间接连接的系统

高区双水箱或单水箱高层建筑热水供暖系统如图 3-7 所示，向高区供热的换热站可设在该建筑物的底层、地下室及中间技术层内，还可设在室外的集中热力站内。室外热网在用户处提供的资用压力较大、供水温度较高时可采用高区间接连接的系统。该系统适用于高温热水，入口设换热设备造价高。

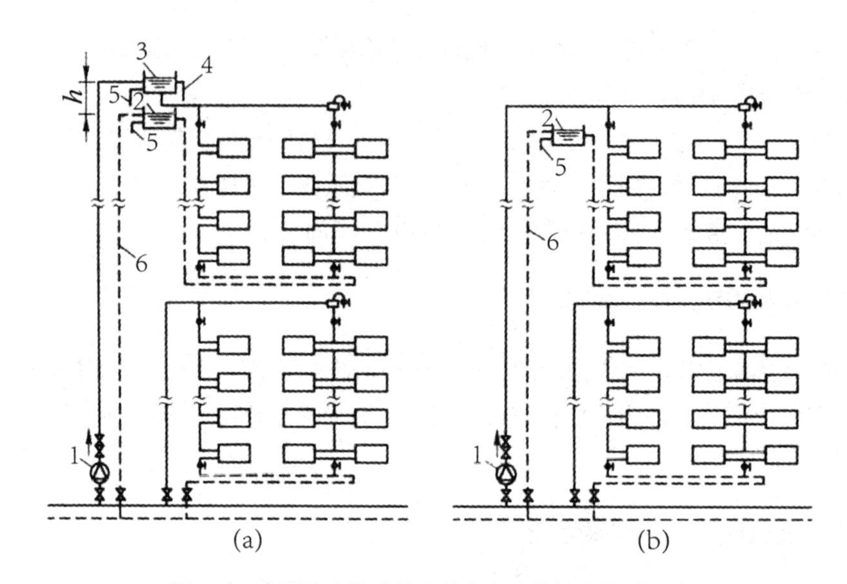

图 3–7　高区双水箱或单水箱高层建筑热水供暖系统

(a) 高区双水箱; (b) 高区单水箱

1. 加压水泵; 2. 回水箱; 3. 供水箱; 4. 进水箱溢流管;

5. 信号管; 6. 回水箱溢流管

2. 高区采用双水箱或单水箱的系统

高区采用双水箱或单水箱的系统，如图 3-7 所示。在高区设两个水箱，用泵 1 将供水注入供水箱 3，依靠供水箱 3 与回水箱 2 之间的水位高差 [见图 3-7（a）] 中的 h 或利用系统最高点的压力 [见图 3-7（b）]，作为高区供暖的循环动力。系统停止运行时，利用水泵出口逆止阀使高区与外网供水管不相通，高区高静水压力传递不到底层散热器及外网的其他用户。由于回水竖管 6 的水面高度取决于外网回水管的压力大小，回水箱高度超过了用户所在外网回水管的压力。竖管 6 上部为非满管流，起到了将系统高区与外网分离的作用。室外热网在用户处提供的压力较小、供水温度较低时可采用这种系统。该系统简单，省去了设置换热站的费用。但建筑物高区要有放置水箱的地方，建筑结构要承受其载荷。水箱为敞开式，系统容易掺气，增加氧腐蚀。

(二) 其他类型的高层建筑热水供暖系统

在高层建筑中除了上述系统形式之外，还可采用以下系统形式。

1. 双线式供暖系统

双线式供暖系统只能减轻系统失调，不能解决系统下部散热器超压的问题。该系统分为垂直双线系统和水平双线系统，如图 3-8 所示。

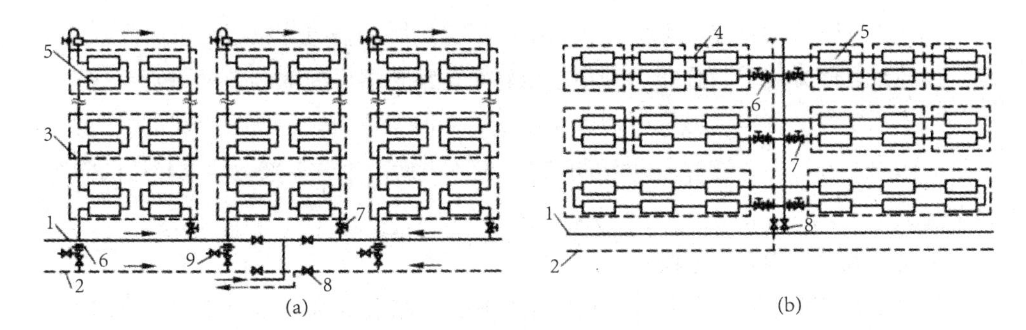

图 3–8　双线式热水供暖系统

(a) 垂直双线热水供暖系统；(b) 水平双线热水供暖系统

1. 供水干管；2. 回水干管；3. 双线立管；4. 双线水平管；5. 散热设备；

6. 节流孔板；7. 调节阀；8. 截止阀；9. 排水阀

(1) 垂直双线热水供暖系统

图 3-8（a）为垂直双线热水供暖系统，图中虚线框表示出立管上设置于同一楼层一个房间中的散热装置（串片式散热器、蛇形管或埋入墙内的辐射板），按热媒流动方向，每一个立管由上升和下降两部分构成。各层散热装置的平均温度近似相同，减轻了竖向失调。立管阻力增加，提高了系统的水力稳定性。该系统适用于公用建筑一个房间设置两组散热器或两块辐射板的情形。

(2) 水平双线热水供暖系统

图 3-8（b）为水平双线热水供暖系统，图中虚线框表示出水平文管上设置于同一房间中的散热装置（串片式散热器或辐射板），与垂直双线系统类似。各房间散热装置平均温度近似相同，减轻了水平失调，在每层水平支管上设调节阀和节流孔板，实现分层调节和减轻竖向失调。

2. 单双管混合式系统

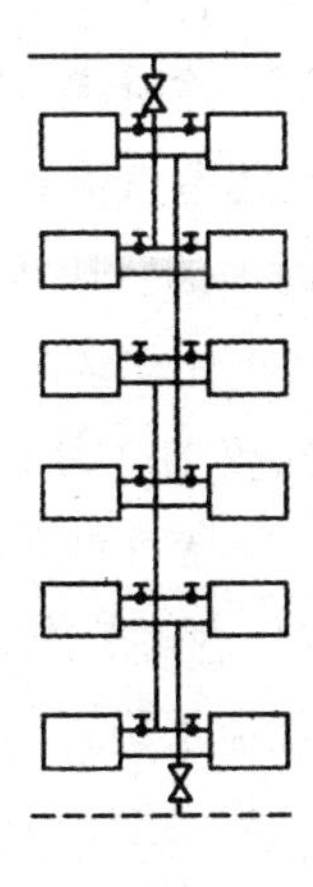

图 3–9　单双管混合式系统

图3-9为单双管混合式系统。该系统中将散热器沿垂向分成组，组内为双管系统，组与组之间采用单管连接。利用了双管系统散热器可局部调节和单管系统提高系统水力稳定性的优点，减轻了双管系统层数多时，重力作用压头引起的竖向失调严重的倾向。可解决立管管径过大的问题，但不能解决系统下部散热器超压的问题。该系统适用于8层以上建筑。

3. 热水和蒸汽混合式系统

对特高层建筑（如全高大于160m的建筑)，最高层的水静压力已超过一般的管路附件和设备的承压能力（一般为1.6MPa）。可将建筑物沿竖向分成3个区，最高区利用蒸汽作为热媒向位于最高区的汽水换热器供给蒸汽。

4. 高低层无水箱直接连接

直接用低温水供暖，便于运行管理；用于旧建筑高低层并网改造，投资少；采用微机变频增压泵，可以精确控制流量与压力，供暖系统平稳可靠。

四、室内蒸汽供暖系统

(一) 室内蒸汽供暖系统的分类

根据压力的不同，可分为低压蒸汽供暖系统和高压蒸汽供暖系统，压力大于70kPa的蒸汽称为高压蒸汽。根据回水方式的不同，低压蒸汽供暖系统可分为重力回水和机械回水两类。

(二) 室内蒸汽供暖系统管道布置

室内蒸汽供暖系统管道布置大多采用上供下回式。当地面不便布置凝水管时，也可采用上供上回式。实践证明，上供上回式布置方式不利于运行管理。

在蒸汽供暖管路中，要注意排除沿途凝水，以免发生“水击”。在蒸汽供暖系统中，沿管壁凝结的凝结水有可能被高速蒸汽流重新掀起，形成“水塞”，并随蒸汽一起高速流动，在遇到阀门、拐弯或向上的管段等部件时，使流动方向改变，水滴或水塞在高速下与管件或管子撞击，将产生“水击”，出现噪声、振动或局部高压，严重时能破坏管件接口的严密性和管路支架。为了减轻水击现象，水平敷设的供汽管路，必须具有足够的坡度，并尽可能保持汽水同向流动，蒸汽干管汽水同向流动时，坡度 i 宜采用0.003，不得小于0.002。进入散热器支管的坡度 i=0.01 ~ 0.02。

供汽干管向上拐弯处，必须设置疏水装置。通常宜装置耐水击的双金属片型的疏水器，定期排出沿途流来的凝水。当供汽压力低时，也可用水封装置。同时，在下供式系统的蒸汽立管中，汽水呈逆向流动，蒸汽立管要采用比较低的流速，以减轻水击现象。

上供式系统中，供水干管中汽水同向流动，干管沿途产生的凝水，可通过干管末端凝水装置排出。为了保持蒸汽的干度，避免沿途凝水进入供汽立管。供汽立管宜从供汽干管的上方或上方侧接出。

散热设备到疏水器前的凝水管中必须保证沿凝水流动方向的坡度不得小于0.0050。同时，为了使空气能顺利排除，当凝水管路（无论低压或高压蒸汽系统）通过过门地沟时，必须设空气绕行管。当室内高压蒸汽供暖系统的某个散热器需要停止供汽时，为防止蒸汽通过凝水管窜入散热器，每个散热器的凝水支管上都应增设阀门，供关断用。

五、室内供暖系统的选择

供暖系统的选择，包括确定供暖热媒种类及系统形式两项内容。

（一）供热系统热媒的选择

一般民用建筑的供暖热媒，可按表3-3选择。

表3-3　民用建筑供暖热媒参数的选择

建筑性质		适宜采用	允许采用	备注
居民及公共建筑	人员昼夜停留的居住类建筑，如住宅、宿舍、幼儿园、医院住院部	不超过95℃热水		托儿所、幼儿园的散热器应加防护罩
	人员长期停留的一般建筑和公共建筑，如办公楼、学校、医院门诊部、商业建筑、旅馆	不超过95℃热水	不超过115℃热水	
	人员短期停留的高大建筑，如车站、展览馆、影剧院、体育馆、食堂、浴室等	不超过110℃热水、低压蒸汽	不超过130℃热水、低压蒸汽	仓库、工业附属建筑允许采用低于0.2MPa蒸汽
工业建筑	不散发粉尘或散发非燃烧性和非爆炸性有机无毒升华粉尘的生产车间	低压蒸汽、热风不超过110℃热水	不超过130℃热水、低压蒸汽	
	散发非燃烧性和非爆炸性有机无毒升华粉尘的生产车间	低压蒸汽、热风不超过110℃热水	不超过130℃热水、低压蒸汽	

续表

建筑性质		适宜采用	允许采用	备注
工业建筑	散发非燃烧性和非爆炸性宜升华有毒粉尘、气体及蒸汽的生产车间	与卫生部门协商		
	散发燃烧性或爆炸性有毒粉尘、气体及蒸汽的生产车间	根据各部及主管部门的专门指示确定		
	任何体积的辅助建筑	低压蒸汽不超过110℃热水	高压蒸汽	
	设在单独建筑内的门诊所、约房、托儿所及保健站等	不超过95℃热水	不超过110℃热水、低压蒸汽	
采暖系统采用塑料管材		不超过80℃热水		
低温地板辐射采暖系统		不超过60℃热水		

注：低压蒸汽指压力不大于70kPa的蒸汽；采用蒸汽热媒时，必须经技术论证认为合理，并在经济上经分析认为经济时才允许。

(二) 供暖系统的选择

供暖系统的选择应根据建筑的特点和使用性质、材料供应情况、区域热媒状况或城市热网工况等条件综合考虑，本着适用、经济、节能、安全的原则进行确定。

(1) 根据我国能源状况和能源政策，民用建筑供暖仍以煤作为主要燃料。供暖热源主要依靠集中供热锅炉房。供热锅炉房应尽量靠近热负荷密集的地区，以大型、集中、少建为宜。有条件利用城市热网作为热源的建筑，应尽量利用城市热网。新建锅炉房时，也应考虑今后能与区域供热系统或城市热网相连接。

(2) 在工厂附近有余热、废热可作为供暖热源时，应尽量予以利用。有条件的地区，还可开发利用地热、太阳能等天然资源。

(3) 新建居住建筑的供暖系统，应按热水连续供暖进行设计与计算。住宅区内的商业、文化及其他公共建筑，也尽量采用热水系统，考虑使用的间断性，为节省能源，应单独设置手动或自动调节装置。

(4) 在工业建筑中，工厂生活区应尽量采用热水供暖，也可考虑低压蒸汽供暖。附属于工厂车间的办公室、广播室等房间，允许采用高压蒸汽供暖，但要考虑散热器及管件的承压力，供汽压力一般不应超过0.2MPa。

(5) 对于托儿所、幼儿园及医院的手术室、分娩室、小儿病房等，最好采用35～65℃的温水连续供暖，并应从系统上考虑这部分建筑能够提前和延长供暖期限，以满足使用需求。

(6) 住宅底层的商店或住宅楼下的人防地下室需装置供暖设备时，其供暖系统应与住宅部分的供暖系统分别设置，以便于维护和管理。

(7) 具有高大空间的体育馆、展览厅及厂房、车间等，宜采用热风供暖；也可将散热器作为值班供暖，而以热风供暖作为不足部分的补充。

(8) 在集中供暖系统中，供暖时间不同的建筑（如学校的教学楼与宿舍楼；住宅区内的住宅楼与其他公共建筑），应在锅炉房内设分水器，以便按供暖时间的不同分别进行控制。

(9) 民用及公共建筑不宜选用蒸汽供暖系统，蒸汽供暖虽具有节省投资的优点，但卫生条件差、容易锈蚀、维修量大、漏气量大、凝水回收率低且有噪声。近年来，已很少采用。若选用蒸汽作热媒时，必须进行经济技术综合分析后认为确实合理方可采用。

第三节　辐射供暖（供冷）

热媒通过散热设备的壁面，主要以辐射方式向房间传热，此时散热设备可采用悬挂金属辐射板的方式，也可采用与建筑结构合为一体的方式，这种供暖系统称为辐射供暖系统。将加热管埋设于地下的供暖系统称为地板辐射采暖。

一、辐射供暖系统的种类

辐射供暖系统的种类见表 3-4。

表 3–4　辐射供暖系统的种类

分类根据	名称	特点
温度	低温辐射	$t \leqslant 80$℃
	中温辐射	t=80 ~ 200℃
	高温辐射	$t > 5000$℃
辐射板形式	埋管式	管道埋设于建筑物表面内
	风道式	利用建筑构件的空腔使热空气循环流动期间形成辐射
	组合式	将金属板和管焊接组成辐射表面
辐射板设置位置	顶面式	将顶面作为辐射表面，辐射热占 70%
	墙面式	将墙面作为辐射表面，辐射热占 65%

续表

分类根据	名称	特点
	地面式	将地面作为辐射表面，辐射热占 55%
	楼面式	将楼面作为辐射表面，辐射热占 55%
所用热媒种类	低温热水式	热媒水温 $t \leq 100$℃
	高温热水式	热媒水温 $t > 100$℃
	蒸汽式	以高压或低压蒸汽为热媒
	热风式	以加热后的空气为热媒
	电热式	以电能加热电热元件为热媒
	燃气式	通过可燃气体或液体经特制辐射器发射红外线

二、辐射供暖的特点

习惯上把辐射传热比例占总传热量 50% ~ 70% 以上的供暖系统称为辐射供暖系统。辐射供暖是一种卫生条件和舒适标准都比较高的供暖方式。它是利用建筑物内部的顶面、墙面、地面或其他表面进行供暖的系统。另外，辐射供暖系统还有可能在夏季用作辐射供冷，其辐射表面兼作夏季降温的供冷表面。

埋管式采暖辐射板的缺点是：要与建筑结构同时安装，容易影响施工进程，如埋管预制化则会大大加快施工进度；与建筑结构合成或贴附一体的采暖辐射板，热惰性大，启动时间长；在间歇供暖时，热惰性大，使室内温度波动较小，这一缺点又变成优点。

辐射采暖（供冷）除用于住宅和公用建筑之外，还广泛用于空间高大的厂房、场馆和对洁净度有特殊要求的场合，如精密装配车间等。

三、地板辐射供暖系统

（一）辐射供暖系统的热媒

辐射供暖系统的热媒可用热水、蒸汽、空气和电，热水为首选热媒。与建筑结构结合的辐射板用热水加热时升温慢，混凝土板不易出现裂缝，可以采用集中质调节。用蒸汽做热媒时，升温快，混凝土板易出现裂缝，不能采用集中质调节。混凝土板热惰性大，与蒸汽迅速加热房间的特点不相适应；用热空气做热媒，将墙板或楼板内的空腔做风道，使建筑结构厚度要增加；用电加热的辐射板具有许多优越性，板面温度容易控制，调节方便，但要消耗高品位电能，用电作为能源供暖应进行技术经济论证；采用热水为热媒时其温度根据所用的热源和供暖辐射板的类型来决定，可分为较高温度和较低温度两类。辐射供暖也应尽量利用地热、太阳能等低温热源。

(二) 地板辐射供暖系统的优缺点

地板辐射供暖系统具有以下主要优点。

(1) 由于有辐射强度和温度的双重作用，造成了真正符合人体散热要求的热状态，具有最佳的舒适感。

(2) 利用与建筑结构相结合的辐射供暖系统，不需要在室内布置散热器，也不必安装连接散热器的水平支管，所以，不但不占建筑面积，而且还便于布置家具。

(3) 室内沿高度方向上的温度分布比较均匀，温度梯度很小，无效热损失可大大减少。

(4) 由于提高了室内表面的温度，减少了四周表面对人体的冷辐射，提高了舒适感。

(5) 不会导致室内空气的急剧流动，从而减少了尘埃飞扬的可能，有利于改善卫生条件。

(6) 由于辐射供暖将热量直接投射到人体，在建立同样舒适条件的前提下，室内设计温度可以比对流供暖时降低 2～3℃（高温辐射时可以降低 5～10℃），从而可降低供暖能耗约 10%～20%。

辐射供暖的主要缺点是初投资较高，通常比对流供暖系统高出 15%～25%（以低温辐射供暖系统比较）。

(三) 低温辐射地板供暖的选用及布置

低温辐射地板供暖的加热管管材选择原则是：承压与耐温适中、便于安装、能热熔连接、环保性好（废料能回收利用）；宜优先选择耐热聚乙烯（PE—RT）管和聚丁烯（PB）管，也可采用交联聚乙烯（PE—X）管及铝塑复合管。管道设置如图 3-10 所示。

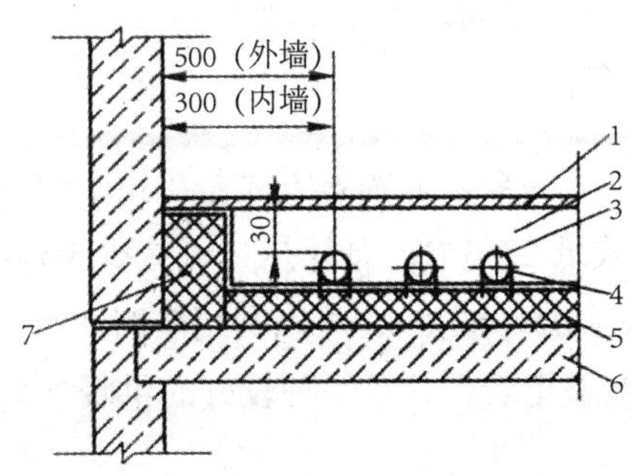

图 3–10　地面供暖辐射管的设置

1. 饰面层；2. 混凝土；3. 加热管；4. 锚固卡钉；5. 隔热层和防水层；6. 楼板；7. 侧面隔热层

四、燃气红外线辐射供暖

燃气红外线辐射供暖可用于建筑物室内供暖或室外工作地点供暖。但采用燃气红外线辐射供暖必须采取相应的防火防爆和通风换气等安全措施。

高大建筑空间全面供暖宜采用连续式燃气红外线辐射供暖；面积较小、高度低的空间，宜采用单体的低强度辐射加热器；室外工作地点的供暖宜采用单体高强度辐射加热器。

燃气红外线辐射供暖系统的布置应以保障房间温度分布均匀为原则，并应符合下列要求。

(1) 布置全面辐射供暖系统时，沿四周外墙、外门处的辐射散热器散热量不宜少于总热负荷的 60%。

(2) 宜按不同使用时间、使用功能的工作区域设置能单独控制的散热器。人员集中的工作区域宜适当加强辐射照度。在用于局部地点供暖时，其数量不应少于两个，且宜安装在人体两侧上方。

(3) 其安装高度应根据人体舒适度确定，但不应低于 3m。

(4) 由室内供应空气的房间，应能保证燃烧所需的空气量，如所需空气量超过房间每小时 0.5 次换气次数时，应由室外供应空气。

(5) 无特殊要求时，燃气红外线辐射供暖系统的尾气应排至室外。

(6) 燃气红外线辐射供暖系统应与可燃物保持一定距离。

(7) 燃气红外线辐射供暖系统，应在便于操作的位置设置，并与燃气泄漏报警系统连锁，可直接切断供暖系统及燃气系统的控制开关。利用通风机供应室内空气时，通风机与供暖系统应设置连锁开关。

五、辐射供暖的热负荷计算

(一) 地板辐射供暖热负荷

低温热水地板辐射由于主要依靠辐射方式，在相同的舒适条件下，室内计算温度一般可比对流供暖方式低 2 ~ 3℃，总耗热量可减少 5% ~ 10%。同时，由于它要求的供水温度较低（一般为 35 ~ 50℃），可以利用热网回水、余热水或地热水等，因此，从卫生条件和经济效益上看，其是一种较好的供暖方式。地板供暖热负荷按以下情况分别计算。

(1) 房间全面供暖的地板辐射供暖设计热负荷可按常规散热器系统房间计算供暖负荷的 90% ~ 95%，或将房间温度降低 2℃进行房间供暖负荷计算。

(2) 房间局部设地板辐射供暖（其他区域无供暖）时，所需热负荷按房间全面地板辐射供暖负荷乘以该区域面积与所在房间面积的比值和表 3-5 的附加系数确定。

表 3–5　局部辐射采暖热负荷计算系数

供暖区面积与房间面积比值	0.75	0.55	0.40	＜0.25	≤0.20
计算系数	1	0.72	0.54	0.38	0.30

(3) 进深大于 6m 的房间，宜距外墙 6m 为界分区，分别计算热负荷和进行管线布置。

(4) 计算地面辐射供暖系统热负荷时，可不考虑高度附加。

(5) 不计算敷设加热管地面的热损失。

(6) 应考虑间歇供暖及户间传热等因素。

(二) 燃气红外线辐射系统供暖热负荷

燃气红外线辐射供暖系统用于全面供暖时，其负荷应取常规对流式计算热负荷的 80%～90%；用于局部供暖时，其热负荷可按全面供暖的耗热量乘以局部面积与所在房间面积的比值，再按表 3-5 乘以附加系数进行计算。

燃气红外线辐射供暖系统安装高度超过 6m 时，每增加 0.3m，建筑围护结构的总耗热量应增加 1%。

六、辐射供暖的散热量计算

辐射供暖地板的散热量，包括地板向房间的有效散热量和向下层（包括地面层向土壤）传热的热损失量，设计计算应考虑下列因素。

(1) 垂直相邻各层房间均采用地板辐射供暖时，除顶层以外的各层外，均应按房间供暖热负荷扣除来自上层的热量，确定房间所需有效散热量，即 q_1。

(2) 热媒的供热量，应包括地板向房间的有效散热量和向下层（包括地面层向土壤）传热的热损失量。

(3) 垂直相邻各层房间均采用地板辐射供暖时，除顶层以外的各层外，向下层的散热量，可视作与来自上层的得热量相互抵消。

(4) 单位地板面积所需有效散热量，按式 (3-6) 计算：

$$q_1 = Q_1 / F_1,\quad \mathrm{W/m^2} \tag{3-6}$$

式中：Q_1——房间所需的地面散热量，W；

F_1——铺设加热管的房间地板面积，m^2。

(5) 地面上的固定设备和卫生器具下，不应布置加热管道。应考虑家具和其他地面覆盖物的遮挡因素，按房间地面的总面积 F，乘以适当的修正系数，确定地板有效散热面积 F_1。

(6) 敷设加热管道地板的表面平均温度 t_{EP}，不应高于表 3-6 的规定值。当房间供暖热负荷较大，地板表面温度计算值超出规定时，应设置其他供暖设备，以满足房间所需散热量。

表 3–6　地板表面平均温度 t_{EP}（℃）

环境条件	适宜范围	最高限值
人员长期停留区域	24 ~ 26	28
人员短期停留区域	28 ~ 30	32
无人员停留区域	35 ~ 40	42

单位地板面积有效散热量 q_1 和向下传热的热损失量 q_2，均应通过计算确定。当地面构造符合时，可按《辐射供暖供冷技术规程（JGJ 142—2012）》直接查出。

第四节　热风供暖

热风供暖是比较经济的供暖方式之一。对流散热几乎占 100%，有热惰性小、能迅速提高室温的特点，它不仅可以加热室内再循环空气，也可以用来加热室外新鲜空气，通风和供暖并用。热风供暖可分为集中式热风供暖、分散式暖风机供暖及热风幕三种。

一、集中式热风供暖

《全国民用建筑工程设计技术措施——暖通空调 · 动力》中规定符合下列条件之一的场合，宜采用集中送风的供暖方式：

(1) 室内允许利用循环空气进行供暖。

(2) 热风供暖系统能与机械送（补）风系统合并设置时。

(3) 供暖负荷特别大、无法布置大量散热器的高大空间。

(4) 设有散热器防冻值班供暖系统，又需要间歇正常供暖的房间，如学生食堂等。

(5) 利用热风供暖经济合理的其他场合。

集中送风方式和暖风机供暖系统的热媒，宜采用 0.1 ~ 0.4MPa 的高压蒸汽或不低于90℃的热水。送风口的安装高度应根据房间高度及回流区的高度等因素决定，一般不宜低于3.5m，不得高于7m，回风口底边距地面的距离宜保持0.4～0.5m。

采用热风供暖的送风温度应符合下列规定：

(1) 送风口距地面高度不大于3.5m时，送风温度35～45℃。

(2) 送风口距地面高度不小于3.5m时，送风温度不高于70℃。

二、分散式暖风机供暖

暖风机供暖（分散式）的最大优点是升温快、设备简单、初投资低，它主要适用于空间较大、单纯要求冬季供暖的餐厅、体育馆、商场、戏院、车站等。但由于暖风机运行噪声较大，因此对噪声要求严格的地方不适宜用暖风机供暖。暖风机的名义供热量，通常是指进风温度为15℃时的供热量，当实际进风温度不符时，其供热量应按式(3-7)修正：

$$\frac{Q}{Q_{\mathrm{m}}}=\frac{t_{\mathrm{p}}-t_{\mathrm{n}}}{t_{\mathrm{p}}-15} \tag{3-7}$$

热风供暖系统以空气作为热媒。其主要设备是暖风机。它由通风机、电动机、空气加热器组成。在风机的作用下，空气由吸入口进入机组，经空气加热器后，从送风口送到室内，以满足维持室内温度的需要。

空气可以用蒸汽、热水或烟气来加热。利用蒸汽或热水，通过金属盘管传热而将空气加热的设备叫作空气加热器；利用烟气来加热空气的设备叫作热风炉。热风供暖系统主要应用于工业厂房和有高大空间的建筑物。它具有布置灵活、方便的特点。常见的暖风机如图3-11所示。

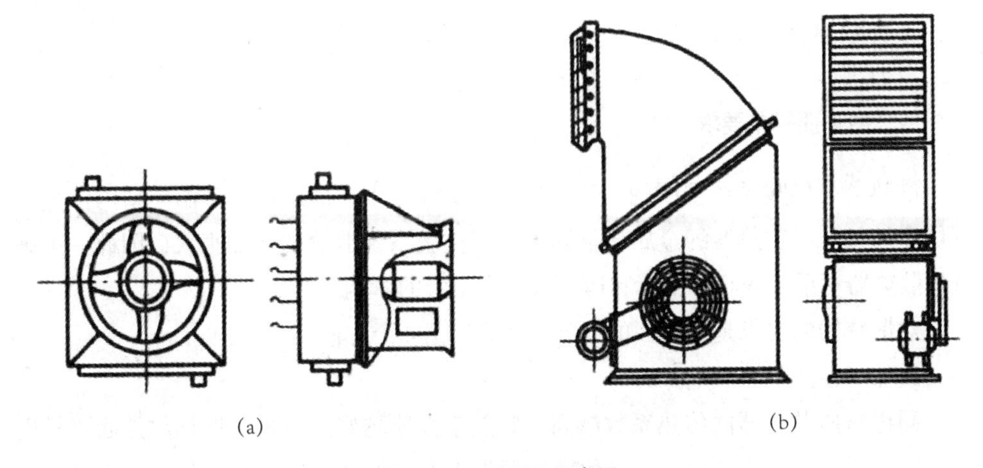

图3-11　暖风机示意图

(a)轴流式暖风机；(b)离心式暖风机

对于严寒地区宜采用热风供暖系统结合散热器值班供暖系统方式。当不设散热器值班供暖系统时，同一供暖区域宜设置不少于两套热风供暖系统。在有大量新风或全新风时，宜设置两级加热器，且第一级加热器的热媒宜用蒸汽（有条件时也可采用电热、燃油燃气直接加热等方式）。

三、热风幕

符合下列条件之一时，宜设空气幕或热风幕。

（1）位于严寒地区的公共建筑，其开启频繁的出入口不具备设置门斗的条件时。

（2）位于非严寒地区的公共建筑，其开启频繁的出入口不具备设置门斗的条件，设置空气幕或热风幕经济合理时。

（3）室外冷空气侵入会导致无法保持室内温度时。

（4）内部散湿量很大的公共建筑（游泳池等）的外门。

（5）两侧温度、湿度或洁净度相差较大，且人员出入频繁的通道。

热风幕的送风温度应通过计算确定，一般外门不宜高于 50℃，高大外门不应高于 70℃；公共建筑的外门的送风速度不宜大于 6m／s，高大外门不宜大于 25m／s。

热风供暖系统和热风幕的热媒系统一般应独立设置。为避免热媒温度过低时的“吹冷风”现象，宜配置恒压（温）气动自控装置。

第五节　供暖设备与附件

一、散热器

（一）散热器基本要求

散热器是供暖系统重要的、基本的组成部件。水在散热器内降温向室内供热达到供暖的目的。散热器的金属耗量和造价对供暖系统造价的影响很大，因此，正确选用散热器对系统的经济指标和运行效果有很大的影响。

对散热器的要求是多方面的，可归纳为以下 4 个方面。

1. 热工性能

同样材质散热器的传热系数越高，其热工性能越好。可采用增加散热面积、提高散热器周围空气流动速度、强化散热器外表面辐射强度和减少散热器各部件间的接触热阻等措施改善散热器的热工性能。

2. 经济指标

散热器单位散热器的成本（元 / W）及金属耗量越低，其经济指标越好。安装费用越低、使用寿命越长，其经济性越好。

3. 安装使用和工艺要求

散热器应具有一定的机械强度和承受能力。散热器的工作压力应满足供暖系统的工作压力；安装组对简单；便于安装和组合成所需的散热面积；尺寸应较小，少占用房间面积和空间；安装和使用过程不易破损；制造工艺简单、适于批量生产。

4. 卫生和美观方面的要求

散热器表面应光滑，方便和易于消除灰尘。外形应美观协调。

（二）散热器种类

散热器以传热方式划分：当对流方式为主（占总传热量的 60% 以上）时，为对流型散热器，如管型、柱型、翼型、钢串片型等；以辐射方式为主（占总传热量的 60% 以上）时，为辐射型散热器，如辐射板、红外辐射器等。散热器以形状分，有管型、翼型、柱型和平板型等。散热器以材料分，有金属（钢、铁、铝、铜等）和非金属（陶瓷、混凝土、塑料等）。我国目前常用的是金属材料散热器，按材质分主要有铸铁散热器、钢制散热器、铝合金散热器以及塑料散热器等。

1. 铸铁散热器

铸铁散热器的特点是结构简单、防腐性能好、使用寿命长、热稳定性好、价格便宜。它的金属耗量大、笨重，金属热强度比钢制散热器低。目前国内应用较多的为柱型和翼型散热器两大类。

（1）柱型散热器

柱型散热器是单片组合而成，每片呈柱状形，表面光滑，内部有几个中空的立柱相互连通。按照所需散热量，选择一定的片数，用对丝将单片组装在一起，形成一组散热器。柱型散热器根据内部中空立柱的数目分为 2 柱、4 柱、5 柱等，每个单片有带脚和不带脚两种，以便于落地或挂墙安装。其单片散热量小，容易组对成所需散热面积，积灰较易清除。

（2）翼型散热器

翼型散热器的壳体外有许多肋片，这些肋片与壳体形成连为一体的铸件。在圆管外带有圆形肋片的称为圆翼形散热器，扁盒状带有竖向肋片的称为长翼型散热器。翼型散热器制造工艺简单，造价较低；但翼型散热器的金属热强度和传热系数比较低，外形不美观，肋片间易积灰，且难以清扫，特别是它的单体散热量较大，设计时不易恰好组合成所需面积。

2. 钢制散热器

钢制散热器金属耗量少，耐压强度高，外形美观整洁，占地小，便于布置。钢制散热器的主要缺点是容易腐蚀，使用寿命比铸铁散热器短，有些类型的钢制散热器水容量较少，热稳定性差。

钢制散热器的主要类型如下。

(1) 闭式钢串片散热器

由钢管上串 0.5mm 的薄钢片构成，钢管与联箱相连，串片两端折边 90° 形成封闭形，在串片折成的封闭垂直通道内，空气对流能力增强，同时也加强了串片的结构强度。

钢串片式散热器规格以高 (H) × 宽 (B) 表示，长度 (L) 按设计制作。

另外还有在钢管上加上翅片的形式，即为钢质翅片管式散热器。

(2) 钢制板式散热器

钢制板式散热器由面板、背板、进出水口接头等组成。背板分带对流片和不带对流片两种板型。面板和背板多用 1.2 ~ 1.5mm 厚的冷轧钢板冲压成型，在面板上直接压出呈圆弧形或梯形的水道，热水在水道中流动放出热量。水平联箱压制在背板上，经复合滚焊形成整体。为增大散热面积，在背板后面焊上 0.5mm 的冷轧钢板对流片。

(3) 钢制柱式散热器

钢制柱式散热器与铸铁柱型散热器的构造类似，也是由内部中空的散热片串联组成。与铸铁散热器不同的是，钢制柱式散热器是由 1.25 ~ 1.5mm 厚的冷轧钢板冲压延伸形成片状半柱形，两个半柱形经压力滚焊复合成单片，单片之间经气体弧焊连接成散热器。也可用不小于 2.5mm 钢管径机械冷弯后焊接加工制成。散热器上部联箱与片管采用电弧焊连接。

(4) 扁管式散热器

采用 (宽) 521mm × (高) 11mm × (厚) 1.5mm 的水通路扁管叠加焊接在一起。两端加上断面 35mm × 40mm 的联箱制成。扁管散热器的板型有单板、双板、单板带对流片和双板带对流片 4 种结构形式。

单、双板扁管散热器两面均为光板，板面温度较高，辐射热比例较高。带对流片的单、双板扁管散热器主要以对流方式传热。

3. 铜铝、钢铝复合型散热器

复合材料的散热器与钢制散热器类型相近。主要有柱翼型散热器、翅片管式散热器、铜管铝串片式等形式。它们具有加工方便、重量轻、外形美观、传热系数高、金属热强度高等特点，但造价较钢制散热器高，不如铸铁散热器耐用。现以柱翼型散热器为例，其制作方法是：以无缝钢管或铜管为通水部件，管外用胀管技术复合铝制散热翼。

(三) 散热器的选用及布置

散热器的布置应该力求做到使室内冷暖空气易形成对流，从而保持室温均匀；室外侵入房间的冷空气能迅速被加热，减小对室内的影响。散热器的布置应使管道便于铺设，缩短管道长度，以节约管材；同时减少热损失和阻力损失。散热器布置在室内要尽量少占空间，与室内装修协调一致、美观可靠。

1. 散热器的选用应遵循的原则

(1) 散热器应满足供暖系统工作压力要求，且应符合现行国家或行业标准。

(2) 采用钢制散热器时，应采用闭式系统，并满足产品对水质要求，在非供暖季节供暖系统应充水保养；蒸汽系统不应采用钢制柱型、板型和扁管等散热器。

(3) 在设置分户热计量装置和设置散热器温控阀的热水供暖系统中，不宜采用水流通道内含有黏砂的铸铁散热器。

(4) 采用铝制散热器、铜铝复合型散热器时，应采取措施防止散热器接口出现电化学腐蚀。采用铝制散热器应选用内防腐型散热器，并满足产品对水质要求，且应严格控制采暖水的 pH 值，应保持 pH 值 (25℃) ≤ 9。

(5) 对于具有腐蚀性气体的工业建筑或相对湿度较大的房间 (如浴室、游泳馆)，应采用耐腐蚀的散热器。

(6) 在同类产品中应选择采用较高金属热强度指标的产品。

2. 散热器的具体布置应注意的事项

(1) 最好在房间的每个外窗下设置一组散热器，这样从散热器上升的热气流能阻止和改善从玻璃窗下降的冷气流和冷辐射影响，同时对由窗缝隙渗入的冷空气也可起到迅速加热的作用，使流经室内工作区的空气比较暖和舒适。进深较大的房间宜在房间内外侧分别设置散热器。当安装布置有困难时可将散热器置于内墙，但这种方式导致冷空气常常流经人的工作区，使人感到不舒服，在房间进深超过 4m 时，尤其严重。

(2) 为防止冻裂散热器，两道外门之间的门斗内不能设置散热器。所以其散热器应由单独的立管、支管供热，且不得装设调节阀。

(3) 楼梯间由于热流上升，上部空气温度比下部高，布置散热器时，应尽量布置在底层或按一定比例分布在下部各层。

(4) 散热器一般应明装，简单布置。内部装修要求高的建筑可采用暗装。暗装时应留足够的空气流通通道，并方便维修。暗装散热器设置温控阀时，应采用外置式温度传感器，温度传感器应设置在能正确反映房间温度的位置。

(5) 托儿所、幼儿园应暗装或加防护罩，以防烫伤儿童。

(6) 片式组对每组散热器片数不宜过多。当散热器片数过多时，可分组串接（串联组数不宜超过两组），串接支管管径应不小于 25mm；供回水支管宜异侧连接。

(7) 车库散热器宜高位安装，散热器落地安装时宜设置防撞设施。

(8) 有冻结危险的楼梯间或其他有冻结危险的场所，应由单独的立管、支管供暖。

(四) 散热器的热工计算

散热器热工计算的目的是要确定供暖房间所需散热器面积和片数。

散热器面积可按式 (3-8) 计算：

$$F=\frac{Q}{K\left(t_{\mathrm{pj}}-t_{\mathrm{n}}\right)}\beta_1\beta_2\beta_3 \tag{3-8}$$

式中：F——散热器的散热面积，m^2；

Q——散热器的散热量，W；

t_{pj}——散热器内热媒平均温度，℃；

t_n——室内供暖计算温度，℃；

K——散热器在设计工况下的传热系数，W/（m^2·℃）；

β_1——散热器片数（长度）修正系数；

β_2——散热器连接方式修正系数；

β_3——散热器安装形式修正系数。

散热器片数由式 (3-9) 确定：

$$n=\frac{F}{f} \tag{3-9}$$

式中：f——单片散热器的散热面积，m^2/片。

1. 散热器片数（长度）修正系数，按散热器样本数据取用

散热器数量（片数或长度）的取舍原则如下。

(1) 双管系统

热量尾数不超过所需散热量的 5% 时可舍去，否则应进位。

(2) 单管系统

上游 1/3、中间 1/3、下游 1/3 散热器的计算尾数分别不超过所需散热量的 7.5%、5% 及 2.5% 时可舍去，否则应进位。

(3) 铸铁粗柱型（包括柱翼型）散热器，每组片数不宜超过 20 片；细柱型散热器，每组片数不宜超过 25 片；长翼型散热器，每组片数不宜超过 20 片。

2. 散热器串联层数不小于 8 层的垂直单管系统

应考虑立管散热冷却对下游散热器热量的不利影响，宜按下列比率增加下游散热器数量：下游的 1 ~ 2 层，附加 15%；3 ~ 4 层，附加 10%；5 ~ 6 层，附加 5%。

(五) 散热器安装

散热器组对后及整组出厂的散热器在安装之前，应做水压试验。试验压力如设计无要求时应为工作压力的 1.5 倍，但不小于 0.6MPa。检验方法：试验时间为 2 ~ 3min，压力不降，且不渗不漏。

二、膨胀水箱

(一) 膨胀水箱的作用

膨胀水箱是用来贮存热水供暖系统加热的膨胀水量。在自然循环上供下回式系统中，它还起着排气作用。膨胀水箱的另一个作用是恒定供暖系统的压力。

(二) 膨胀水箱容积的确定

70 ~ 95℃供暖系统膨胀水箱容积按式 (3-10) 计算：

$$V = 0.034V_c \tag{3-10}$$

式中：V_c——系统内的水容量。

(三) 膨胀水箱的种类及结构

膨胀水箱一般用钢板制成，通常是圆形或矩形。按位置高低可分为高位水箱和低位水箱。以圆形膨胀水箱构造为例，箱上连有膨胀管、溢流管、信号管、排水管及循环管等管路。

膨胀水箱有以下几种。

1. 开式高位水箱

适用于中小型低温热水供暖系统，结构简单，有空气进入系统腐蚀管道及散热器。一般开式膨胀水箱内的水温不应超过 95℃。

2. 闭式低位膨胀水箱

当建筑物顶部安装膨胀水箱有困难时，可采用气压罐形式。气压罐工作过程为：罐内空气的起始压力高于供暖管网所需的设计压力，水在压缩空气的作用下被送至管网。但随着水量的减少，水位下降，罐内空气压力逐渐减小，当压力降到设计最小工作压力时，水泵便在继电器作用下启动，将水压入罐内，同时供入管网。当罐内压力上升到设计最大工作压力时，水泵又在压力继电器作用下停止工作，如此往复。在水罐的进气管和出水管上，应分别设止水阀和止气阀，以防止水进入空气管道和压缩空气进入供暖管网。

3. 自动补水、排气的定压装置

由膨胀罐和控制单元（控制盘 + 补水泵）构成的装置。

（四）膨胀水箱的布置及连接

膨胀管与供暖系统管路的连接点在自然循环系统中，连接在供水总立管的顶端；在机械循环系统中，一般接至循环水泵吸入端；连接点处的压力，由于水柱的压力，无论在系统不工作或运行时，都是恒定的，因而此点也称为定压点。当系统充水的水位超过溢流水管口时，通过溢流管将水自动溢流排出。溢流管一般可接到附近排水管。

信号管用来检查膨胀水箱是否存水，一般应引到管理人员容易观察到的地方（如锅炉房或建筑物底层的卫生间等）。排水管用来清洗水箱时放空存水和污垢，它可与溢流管一起接至附近下水道。

使用膨胀水箱时应考虑保温，在自然循环系统中，循环管也接到供水干管上，应与膨胀管保持一定的距离。在膨胀管、循环管和溢流管上，严禁安装阀门，以防止系统超压，水箱水冻结或水从水箱溢出。

三、集气罐

集气罐有效容积应为膨胀水箱容积的 1%。它的直径应不小于干管直径的 1.5 ~ 2 倍，使水在其中的流速小于 0.05m / s。集气罐用直径 ϕ 100 ~ 250mm 的短管制成，它有立式和卧式两种形式，如图 3-12 所示，图中尺寸为国标图中最大型号的规格。顶部连接直径 DN15 的排气管。

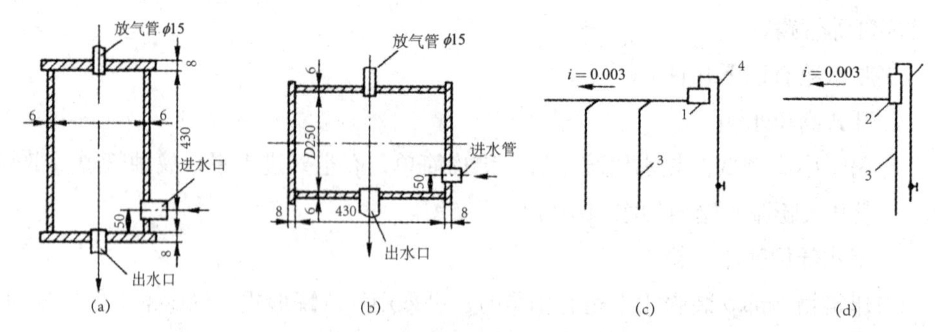

图 3-12　集气罐及安装位置示意图

（a）立式集气罐；（b）卧式集气罐；（c）卧式集气罐安装位置；（d）立式集气罐安装位置

1. 卧式集气罐；2. 立式集气罐；3. 末端立管；4.DN15 放气管

在机械循环上供下回式系统中，集气罐应设在系统各分支环路供水干管末端的最高处，如图 3-12 所示。在系统运行时，定期手动打开阀门将热水中分离出来并聚集在集气罐内的空气排出。

四、阀门

(一) 温控阀

温控阀是一种自动控制散热量的设备，由两部分组成，一部分为阀体部分，另一部分为感温元件控制部分。当室内温度高于给定温度值时，感温元件受热，其顶杆压缩阀杆，将阀口关小；进入散热器的水流量减小，散热器散热量减小，室温下降。

当室内温度下降到低于设定值时，感温元件开始收缩，其阀杆靠弹簧的作用，将阀杆抬起，阀孔开大，水流量增大，散热器散热量增加，室内温度开始升高，从而保证室温处在设定的温度值上。温控阀控温范围在 13 ~ 28℃，控制精度为 1℃。

(二) 平衡阀

平衡阀用于规模较大的供暖或空调水系统的水力平衡。平衡阀安装位置在建筑供暖和空调系统入口，干管分支环路或立管上。

平衡阀有静态平衡阀 (数字锁定平衡阀) 和动态平衡阀 (自力式压差控制阀、自力式流量控制阀两种)，其特点如下。

1. 数字锁定平衡阀

通过改变阀芯与阀座的间隙 (开度)，来改变流经阀门的流动阻力以达到调节流量的目的。具有优秀调节、截止功能，还具有开度显示和开度锁定功能，以及节热节电效果。但不能随系统压差变化而改变阻力系数，需手动重新调节。

2. 自力式流量控制阀

根据系统工况 (压差) 变动而自动变化阻力系数，在一定的压差范围内，可以有效地控制通过的流量保持一个常值，但是，当压差小于或大于阀门的正常工作范围时，此时阀门打到全开或全关位置流量仍然比设定流量低或高而不能控制。该阀门可以按需要设定流量并保持恒定，应用于集中供热、中央空调等水系统中，一次解决流量分配问题，可有效地解决管网的水力平衡。

3. 自力式压差控制阀

用压差作用来调节阀门的开度，利用阀芯的压降变化来弥补管路阻力的变化，从而使在工况变化时能保持压差基本不变，它的原理是在一定的流量范围内，可以有效地控制被控系统的压差恒定。用于被控系统各用户和各末端设备自主调节，尤其适用于分户计量供暖系统和变流量空调系统。

(三) 自动排气阀

目前国内生产的自动排气阀形式较多。它的工作原理，很多都是依靠水对浮体的浮力，通过杠杆机构传动力，使排气孔自动启闭，实现自动阻水排气的功能。

如图 3-13 所示为 B11-X-4 型立式自动排气阀。当阀体内无空气时，水将浮子浮起，通过杠杆机构将排气孔关闭，而当空气从管道进入，积聚在阀体内时，空气将水面压下，浮子的浮力减小，依靠自重下落，排气孔打开，使空气自动排出，空气排出后，水再将浮子浮起，排气孔重新关闭。

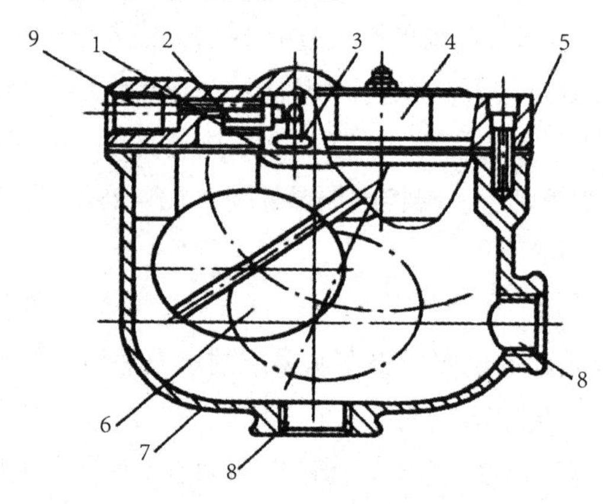

图 3-13　B11-X-4 型立式自动排气阀

1. 杠杆机构；2. 垫片；3. 阀堵；4. 阀盖；5. 垫片；6. 浮子；7. 阀体；8. 接管；9. 排气孔

(四) 冷风阀

冷风阀多用在水平式和下供下回式系统中，它旋紧在散热器上部专设的丝孔上，以手动方式排出空气。

五、补偿器

供热管网中常用的补偿器种类很多，其中最常用的有利用管道的弯曲而形成的自然补偿器、方形补偿器、套筒补偿器。此外，还有许多其他形式的补偿器，如波纹管补偿器、球形补偿器等。

(一) 自然补偿器

利用管道敷设线路上的自然弯曲（如 L 形和 Z 形）来吸收管道的热伸长变形，这种补偿方法称之为自然补偿。自然补偿不必特设补偿器。因此，布置热力管道时，应尽量利用所有的管道原有弯曲的自然补偿。当自然补偿不能满足要求时，才考虑装置其他类型的补偿器。但当管道转弯角度大于150° 时不能自然补偿。对于室内供热管道，由于直管段长度较短，在管路布置得当时，可以只靠自然补偿器而不需设其他形式的补偿器。自然补偿器的优点是装置简单、可靠、不另占地和空间。其缺点是管道变形时产生横向位移，补偿的管段不能很长。由于管道采用自然补偿时，管道除装固定支架外，还设置活动支架，这就妨碍了管道的横向位移，使管道产生的应力增加。因此，自然补偿器的自由臂长不宜大于20～25m。

(二) 方形补偿器

由4个90°弯头构成U形的补偿器，有如图3-14所示的4种构造形式，在供热管道中，方形补偿器应用得最普遍。它可适用于任何工作压力及任何热媒温度的供热管道，但管径以小于150mm为宜。方形补偿器的优点是制造和安装方便，轴向推力较小，补偿能力大，运行可靠，不需经常维修，因而不需为它设置检查室或检查平台等。其缺点是外形尺寸较大，单向外伸臂较长，占地面积和占空间较大，需增设管道支架和热媒流动阻力较大。

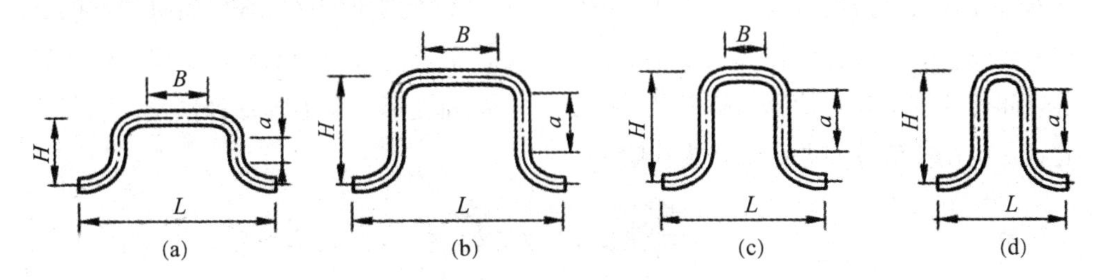

图3–14　方形补偿器

(a) Ⅰ型 B=2a; (b) Ⅱ型 B=a; (c) Ⅲ型 B=0.5a; (d) Ⅳ型 B=0

L: 开口距离

(三) 套筒补偿器

如图3-15所示为单向套筒补偿器。套筒补偿器一般用于管径 $Dg > 150$mm、工作压力较小而安装位置受到限制的供热管道上。但套筒补偿器不宜使用于不通行管沟敷设的管道上。套筒补偿器的优点是安装简单、尺寸紧凑、占地较小、补偿能力较大（一般可达250～400mm）、流体流动阻力小、承压能力大（可达 16×10^5Pa）等。其缺点是轴向推力大、造价高、需经常检查和更换填料，否则容易漏水漏气。如管道变形产生横向位移时，容易造成填料圈卡住。

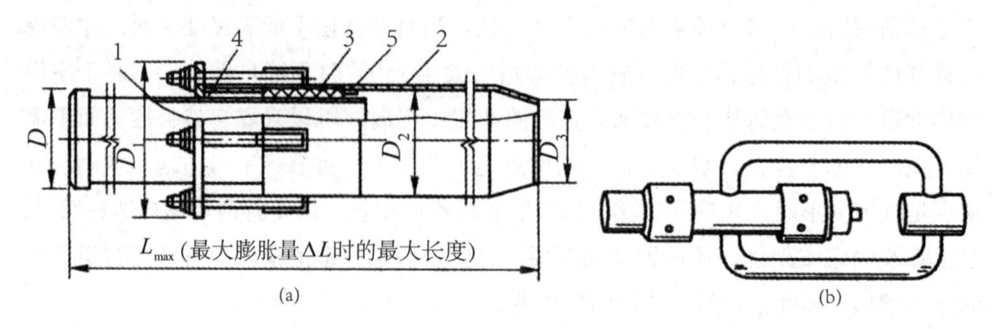

图 3-15　套筒补偿器

(a) 套筒补偿器；(b) 无推力套筒补偿器

1. 芯管；2. 壳体；3. 填料圈；4. 前压盖；5. 后压盖

(四) 波纹管补偿器

这种补偿器是用单层或多层金属管制成的具有轴向波纹的管状补偿装置，利用波纹变形进行管道热补偿。波纹管补偿器按波纹形状主要分为 U 形、Ω 形、S 形、V 形，按补偿方式分为轴向、横向和铰接等形式。轴向补偿器可吸收轴向位移，按其承压方式又分为内压式和外压式，如图 3-16 所示为内压轴向式波纹管补偿器的结构示意图。横向式补偿器可沿补偿器径向变形，常装于管道中的横向管段上吸收管道热伸长。铰接式补偿器可以其铰接轴为中心折曲变形，类似球形补偿器，它需要成对安装在转角段上进行管道热补偿。

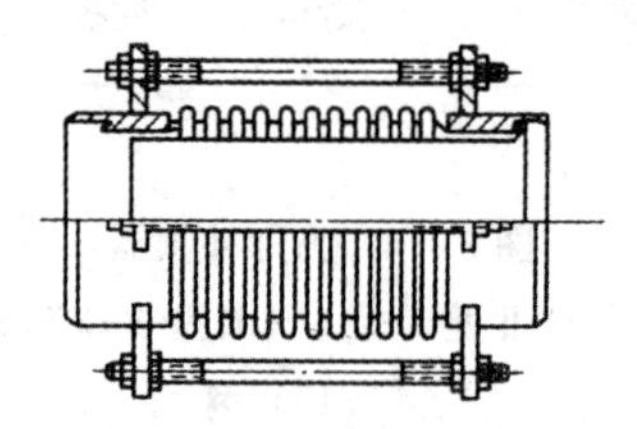

图 3-16　内压轴向式波纹管补偿器

波纹管补偿器的主要优点是占地小、不用专门维修、介质流动阻力小。其缺点是补偿能力小、轴向推力大、安装质量要求较严格。

(五) 球形补偿器

球形补偿器利用球形管接头的随机弯转来吸收管道的热伸长，其工作原理如图 3-17 所示，对于三向位移的蒸汽和热水管道宜采用。球形补偿器的优点是补偿能力大（比方形补偿器大 5 ~ 10 倍）、变形应力小、所需空间小、节省材料、不存在推力、能作空间变形，适用于架空敷设，从而减少补偿器和固定支架数量。其缺点是存在侧向位移，制造要求严格，否则容易漏水漏气，要求加强维修等。

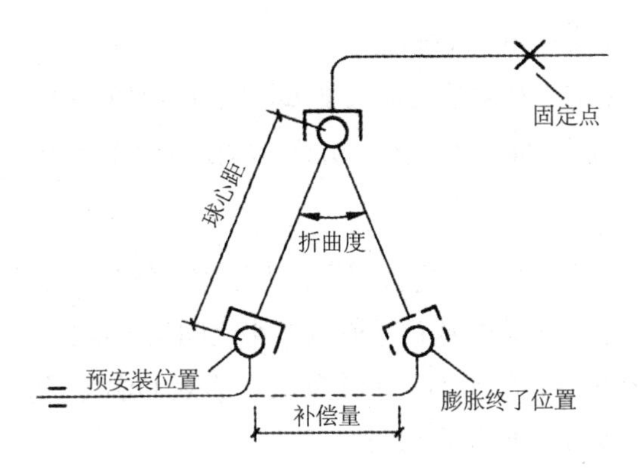

图 3–17　球形补偿器动作原理图

六、其他设备及附件

(一) 疏水器

疏水器的作用是自动阻止蒸汽泄漏而且迅速地排出用热设备及管道中的凝水，同时能排出系统中积留的空气和其他不凝性气体。疏水器是蒸汽供热系统中重要的设备，根据疏水器的作用原理不同，可分为以下 3 种类型。

1. 机械型疏水器

利用蒸汽和凝水的密度不同，形成凝水液位，以控制凝水排水孔自动启闭工作的疏水器。主要产品有浮筒式、钟形浮子式、自由浮球式、倒吊筒式疏水器等。

2. 热动力型疏水器

利用蒸汽和凝水热动力学 (流动) 特性的不同来工作的疏水器。主要产品有圆盘式、脉冲式、孔板或迷宫式疏水器等。

3. 热静力型 (恒温型) 疏水器

利用蒸汽和凝水的温度不同引起恒温元件膨胀或工作的流水器。主要产品有波纹管式、双金属片式、膜盒式、恒温式和液体膨胀式疏水器等。

(二) 分汽缸、分水器、集水器

当需要从总管接出 2 个以上分支环路时，考虑各环路之间的压力平衡和使用功能要求，宜采用分汽缸、分水器和集水器。分汽缸用于供汽管路，分水器用于热水或空调冷水管路，集水器用于回水管路。

1. 分汽缸、分水器、集水器选择计算

(1) 筒体直径

筒体直径一般比汽、水连接总管大两档以上，按筒体内流速确定时，蒸汽流速按 10m / s 计；水流速按 0.1m / s 确定。

（2）分汽缸、分水器、集水器筒体长度 L 按接管数计算确定

$$L=130+L_1+L_2+L_3+\cdots+L_i+130+2h$$

2. 设计要点

（1）分汽缸、分水器、集水器应按国家标准图集《分（集）水器分汽缸（05K232）》制作，各配管之间距，应考虑两阀门手轮或扳手之间便于操作。

（2）分汽缸、分水器、集水器一般应安装压力表和温度计，并应保温，尤其是用于空调冷水的分、集水器要加强保温。

（3）分汽缸、分水器、集水器按工程具体情况选用墙上或者落地安装，一般直径较大时，宜采用落地安装。

（三）换热器

1. 换热器选型计算

$$F=\frac{Q}{K\cdot B\cdot \Delta t_{pj}} \tag{3-11}$$

式中：F——换热器传热面积，m^2；

Q——换热量，W；

B——水垢系数，当汽一水换热时，B=0.85 ~ 0.9；水一水换热时，B=0.7 ~ 0.8；

K——换热器的传热系数，W / （m^2 · K）；

Δt_{pj}——对数平均温度差，℃。

$$\Delta t_{pj}=\frac{\Delta t_a-\Delta t_b}{\ln\frac{\Delta t_a}{\Delta t_b}} \tag{3-12}$$

式中：Δt_u，Δt_b——热媒入口及出口处最大、最小温度差值，℃。

$$K=\frac{1}{\frac{1}{\alpha_1}+\frac{\delta}{\lambda}+\frac{1}{\alpha_2}} \tag{3-13}$$

式中：α_1——热媒至管壁的换热系数，W / （m^2 · K）；

α_2——管壁至被加热水的换热系数，W / （m^2 · K）；

δ——管壁厚度，m；

λ——管壁的导热系数，W / （m · K），钢管 λ=45 ~ 58W / （m · K）；黄铜管 λ=81 ~ 116W / （m · K）；紫铜管 λ=348 ~ 465W / （m · K）。

2. 设计选型要点

（1）换热器的选用应根据工程使用情况，一二次热媒参数及水质、腐蚀、结垢、阻塞等因素。

（2）根据已知流量，一二次测温度及流体的比热容确定所需的换热面积。

（3）选用换热面积时，应尽量使换热系数小的一侧得到大的流速，并且尽量使两流体换热面两侧的换热系数相等或接近，以提高传热系数。高温流体宜在内部，低温流体宜在外部，以减少换热器外表面的热损失。

（4）含有泥沙、污物的流体宜通入容易清洗或不易结垢的空间。

（5）换热器的选用原则：①换热器的压力降不宜过大，一般控制在0.01～0.05MPa；②换热器的总台数不应多于4台，全年使用的换热系统中，换热器的台数不应少于2台；③供暖系统的换热器，1台停止工作时，剩余换热器的设计换热量应保障供热量的要求，寒冷地区不应低于涉及供热量的65%，严寒地区不应低于设计供热量的70%。

（四）管道支座

管道支座是供热管道的重要构件。支座的作用是支撑管道并限制管道的变形和位移；管道支座承受从管道传来的压力，外载负荷作用力（重力、摩擦力、风力等）和温度变形的弹性力，并将这些力传递到支撑结构物（支架）或地上去。

供热管道通常用的支座有活动支座和固定支座两种。

1. 活动支座

在供热管道上设置的活动支座，其作用在于承受供热管道的重量，该重量包括管道的自重、管内流体重、保温结构重等。室外架空敷设的管道的活动支座，还承受风载荷。同时管道的活动支座还应保证管道在发生温度变形时能够自由移动。

活动支座可分为滑动支座、滚动支座、滚柱支座及悬吊支座四种类型。

热力管道上最常用的滑动支座有曲面槽滑动支座、丁字托滑动支座。这两种支座的滑动面低于保温层，管道由支座托住，保温层不会受到破坏。另外，还有弧形板滑动支座，这种支座的滑动面直接与管壁接触。在安装支座处管道的保温层应去掉。

滚动支座和滚柱支座利用了滚子的转动，从而大大减少了管道受热伸长移动时的摩擦力，使支撑板结构尺寸减小，节省材料。但这两种支座的结构较复杂，一般只用于热媒温度较高和管径较大的室内或架空敷设管道，对于地下不通行管沟敷设的管道，禁止使用滚动和滚柱支座，以免这种支座在沟内锈蚀而使滚子和滚柱损坏不能转动，反而成为不好滑动的支座。

在供热管道有垂直位移的地方，常设弹簧悬吊支架。悬吊支架的优点是结构简单、摩擦力小。缺点是由于沿管道安装的各悬吊支架的偏移幅度小因而可能引起管道扭斜或弯曲。因此，采用套筒补偿器的管道，不能用悬吊支架。

在只允许管道轴向水平位移的地方，应设置导向支架，支架上的导向板用以防止管道的横向位移。

各种结构形式的活动支座可见热力管道设计的相关手册或动力设施的国家相关标准图集。

2. 固定支座

在供热管道上，为了分段控制管道的热伸长，保障补偿器均匀工作，以防止管道因受热伸长而引起变形和事故，需要设置固定支座。通常，在供热管道的下列位置，应设置固定支座：在补偿器的两端；在管道节点分岔处；在管道拐弯处及管道进入热力入口前的地方。

固定支座最常用的是金属结构型，采用焊接或螺栓连接方法将管道固定在支座上。金属结构的固定支座形式很少，有夹环固定支座、焊接角钢固定支座，这两种固定支座常用于管径较小、轴向推力较小的供热管道，并与弧形板活动支座配合使用。曲面槽固定支座所承受的轴向推力通常不超过 50kN。挡板式固定支座承受的轴向推力可超过 50kN。各种结构形式的管道固定支座可见动力设施国家相关标准图集。

第六节　供暖系统热计量

一、热负荷计算

分户计量时房间供暖设计热负荷应按热源为连续供暖的条件进行计算。它分为两部分：一部分为基本热负荷；另一部分为户间传热负荷。分户计量供暖建筑，应按各地方分户热计量设计技术规程的规定进行供暖负荷计算。计算建筑总供暖负荷时，不应考虑户间隔墙传热量；在室内散热器（或其他散热设施）的选型计算中，应考虑户间传热量。

（一）基本热负荷

基本热负荷就是传统集中供暖系统中的供暖设热负荷，它仍应按现行的设计规范和常用的供暖设计手册所提供的计算规则和方法进行计算，也可按上述的面积热指标法进行估算。但在计算时，与传统的集中供暖系统相比，为满足居住者热舒适度的要求，卧室、起居室（厅）和卫生间等主要居住空间的室内计算温度，应按相应的设计标准提高 2℃。

（二）户间传热负荷

户间因室温差异通过楼板和隔墙传热所形成的热量损耗称为户间传热负荷。计算时，可在基本负荷基础上附加不大于 50% 的系数。

通过户间传热引起的耗热量也可以按式（3-14）确定：

$$q = A \cdot q_{\mathrm{h}} \tag{3-14}$$

式中：A——房间使用面积，m^2；

q_{h}——通过户间楼板和隔墙的单位面积平均传热量，一般取 $10W/m^2$。

必须特别指出的是，户间传热负荷仅作为确定户内供暖设备容量和计算户内管道的依据，不应计入户外供暖干管热负荷和建筑总热负荷内。户外供暖干管热负荷和建筑总热负荷应按基本热负荷确定。

二、带热计量的室内供暖系统

采用户用热量表计量直观、投资较高、对水质要求高，可用于共用立管的分户独立室内供暖系统和地面辐射供暖系统。室内供暖系统形式有分户水平单管系统、分户水平双管系统和分户水平放射式系统。

（一）分户水平单管系统

分户热计量水平单管系统如图 3-18 所示，与以往采用的水平式系统的主要区别在于：①水平支路长度限于一个住户之内；②能够分户计量和调节供热量；③可分室改变供热量，满足不同的室温要求。

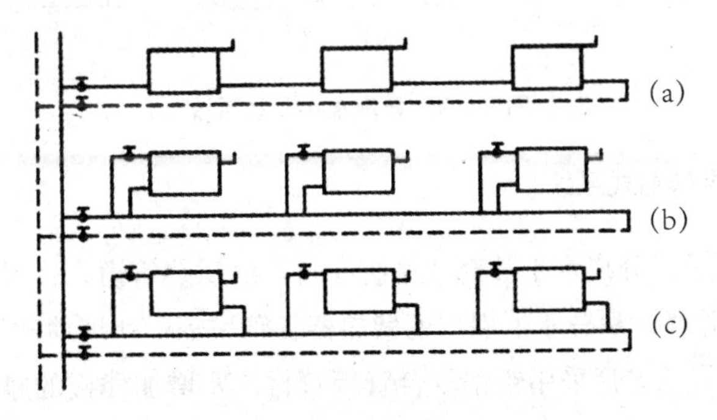

图 3-18　分户热计量水平单管系统

（a）水平顺流式；（b）同侧接管跨越式；（c）异侧接管跨越式

分户水平单管系统可采用水平顺流式［见图 3-18（a）］、同侧接管跨越式［见图 3-18(b)］和异侧接管跨越式［见图 3-18(c)］。其中图 3-18(a) 在水平支路上设关闭阀、调节阀和热表，可实现分户调节和计量热量，不能分室改变供热量，只能在对分户水平式系统的供热性能和质量要求不高的情况下应用。图 3-18(b) 和图 3-18(c) 除了可在水平支路上安装关闭阀、调节阀和热表之外，还可在各散热器支管上安装调节阀（温控阀）实现分房间控制和调节供热量。因此上述 3 种系统中，图 3-18（b）和图 3-18(c) 的性能优于图 3-18(a)。

水平单管系统比水平双管系统布置管道方便，节省管材，水力稳定性好。在调节流量措施不完善时容易产生竖向失调。如果户型较小，又不拟采用 DN15 的管子时，水平管中的流速有可能小于气泡的浮升速度，可调整管道坡度，采用汽水逆向流动，利用散热器聚气、排气，防止形成气塞。可在散热器上方安排气阀或利用串联空气管排气。

(二) 分户水平双管系统

分户水平双管系统如图 3-19 所示。该系统一个住户内的各散热器并联，在每组散热器上安装调节阀或恒温阀，以便分室进行控制和调节。水平供水管和回水管可采用如图 3-19 所示的多种方案布置。两管分别位于每层散热器的上方、下方［见图 3-19(a)］；两管全部位于每层散热器的上方［见图 3-19(b)］；两管全部位于每层散热器的下方［见图 3-19(c)］。该系统的水力稳定性不如单管系统，耗费管材。

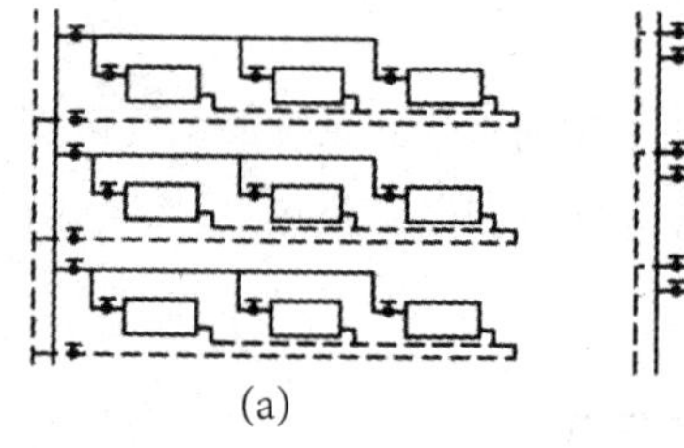
(a)
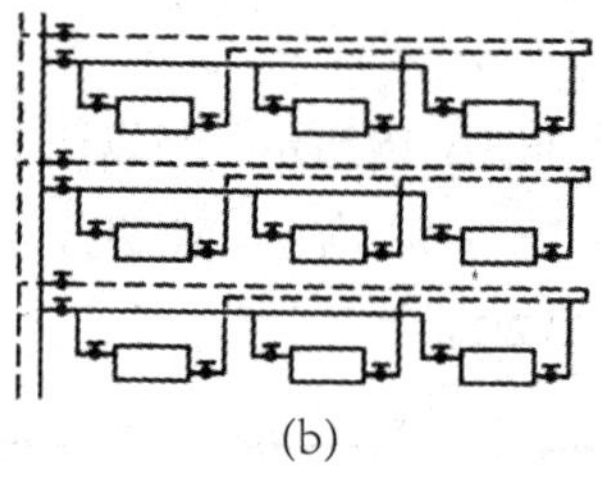
(b)
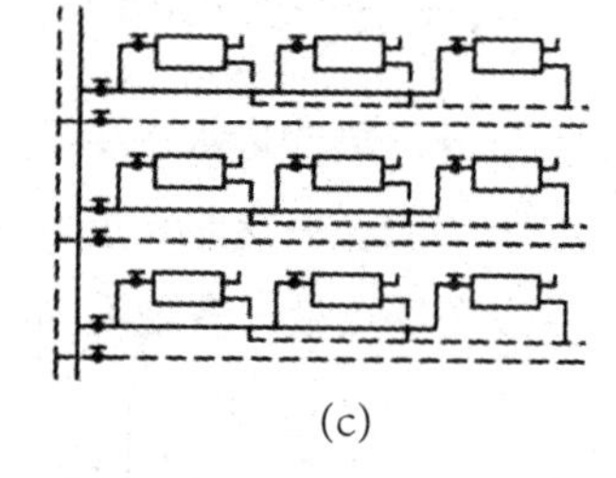
(c)

图 3-19 分户水平双管系统

(三) 分户水平放射式系统

如图 3-20 所示，分户水平放射式系统在每户的供热管道入口设小型分水器和集水器，各散热器并联，从分水器引出的散热器支管呈辐射状埋地敷设至各个散热器。散热量可单体调节。支管采用铝塑复合管等管材，要增加楼板的厚度和造价。为了计量各用户供热量，入户管有热表。为了调节各室用热量，通往各散热器的支管上应有调节阀。

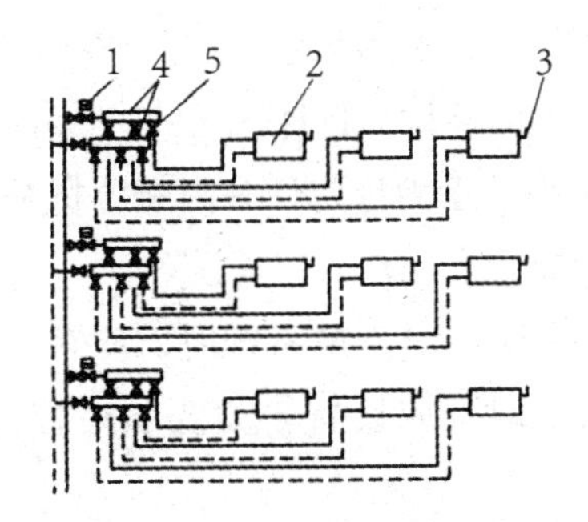

图 3-20　分户水平放射式供暖系统示意图

1. 热表；2. 散热器；3. 放气阀；4. 分水器、集水器；5. 调节阀

三、室内供暖系统干管管路布置

(一) 建筑物热力入口的铺设

建筑物内共用供暖系统由建筑物热力入口装置、建筑内共用的供回水水平干管和各户共用的供回水立管组成。典型的建筑物热力入口装置如图 3-21 所示。

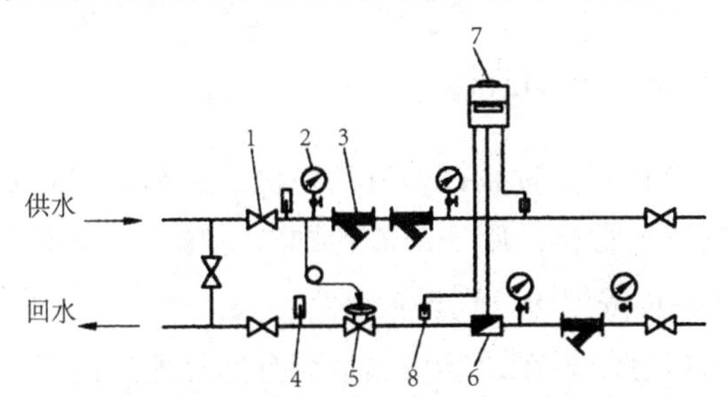

图 3-21　典型建筑物热力入口装置图

1. 阀门；2. 压力表；3. 过滤器；4. 温度计；5. 自力式压差控制阀或流量控制阀；6. 流量传感器；7. 积分仪；8. 温度传感器

1. 建筑物热力入口设置位置的确定

(1) 新建无地下室的住宅，宜于室外管沟入口或底层楼梯间下部设置小室，小室净高不低于 1.4m，操作面净宽不小于 0.7m，室外管沟小室宜有防水和排水措施。

(2) 新建有地下室的住宅，宜设在地下室可锁闭的专用空间内，空间净高不低于 2.0m，操作面净宽不小于 0.7m。

(3) 对补建或改造工程，可设于门洞雨棚上或建筑物外地面上，并采取防雨、防冻及防盗等措施。

2. 建筑物热力入口装置做法

(1) 管网与用户连接处均装设关断阀门；在供、回水阀门前设旁通管，其管径应为供水管的0.3倍；在供水管上设除污器或过滤器；在供、回水管上设温度计、压力表；在与热网连接的回水管上应装设热量计。

(2) 应根据热网系统大小及水力稳定性等因素分析是否设调节装置，调节装置应以自力式为主，可按下列原则在用户入口处设置。

①当户内采暖为单管跨越式定流量系统时，应在入口设自力式流量平衡阀；室内采暖为双管变流量系统时，应设置自力式压差控制阀。压差控制范围宜为8～100Pa。

②当管网为定流量系统，只有个别用户侧为变水量系统时，应在变水量用户入口处设电动三通调节阀或与用户并联的压差旁通阀。

(3) 设置平衡阀需注意以下几点。

①平衡阀的安装位置。管网所有需要保证设计流量的环路都应安装平衡阀，一般装在回水管路上；当系统工作压力较高，且供水管的资用压头余量大时宜装在供水管上。为使阀门前后的水流稳定，保证测量精度，尽可能安装在直管段处。

②平衡阀阻力系数比一般阀门高，当应用平衡阀的新管路连接于旧衬供暖管网时，需注意新管路与旧系统的平衡问题。

(二) 室内热水供暖系统的管路布置

室内热水供暖系统管路布置直接影响到系统造价和使用效果。因此，系统管道走向布置应合理，以节省管材，便于调节和排出空气，系统不宜过大，一般可采用异程式布置；有条件时宜按朝向分别设置环路。

供暖系统的引入口宜设置在建筑物热负荷对称分配的位置，一般宜在建筑物中部。系统应合理地设若干支路，而且尽量使各支路的阻力易于平衡。如图3-21所示是两种常见的供、回水干管走向布置方式。图3-22 (a) 为有4个分支环路的异程式系统布置方式。图3-22(b) 为有2个分支环路的同程式系统布置形式。

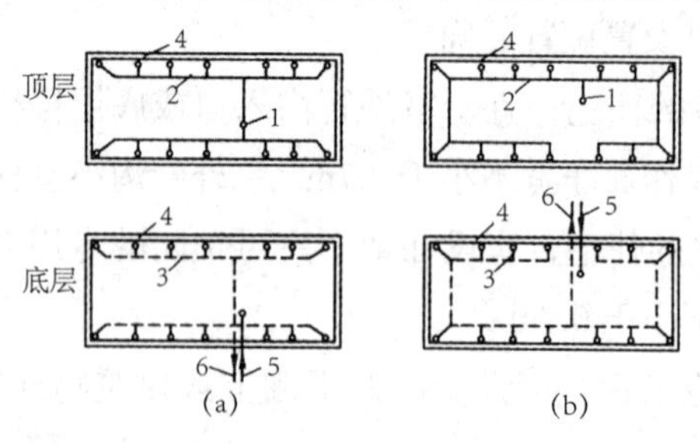

图3-22 常见的供、回水干管走向布置方式

(a)4个分支环路的异程式系统；(b)2个分支环路的同程式系统

1. 供水总立管；2. 供水干管；3. 回水干管；4. 立管；5. 供水进口管；6. 回水出口管

室内热水供暖系统的管路一般应明装，有特殊要求时，可采用暗装，应将立管布置在房间的角落。对于上供下回式系统，供水干管多设在顶层顶棚下。回水干管可铺设在地面上，地面上不容许敷设（如过门时）或净空高度不够时，回水干管设置在半通行地沟或不通行地沟内。地沟上每隔一定距离应设活动盖板，过门地沟也应设活动盖板，以便于检修。当敷设在地面上的回水干管过门时，回水干管可从门下小管沟内通过，此时要注意坡度以便排气。

为了有效地排出系统内的空气，所有水平供水干管应具有0.003的坡度（坡向根据自然循环或机械循环而定）。如因条件限制，机械循环系统的热水管道可无坡度敷设，但管中的水流速度不得小于0.25m / s。与供暖立管连接的散热器供回水支管应由不小于0.01的坡度（分别坡向散热器和立管）。

供暖管道布置时应考虑固定和补偿；供暖管道应避免穿越防火墙，无法避免时应和管道穿楼板一样处理，应预留钢套管，并在穿墙处设置固定支架；管道与套管间的缝隙应以耐火材料填充；供暖管道穿越建筑基础墙、变形缝时，应设管沟。

第七节　室内供暖系统设计

一、室内供暖系统设计计算

以某市一幢三层别墅为例，进行供暖系统设计。卫生间采用散热器供暖，其余房间为低温热水地面辐射供暖。参考平面图如图3-23所示。

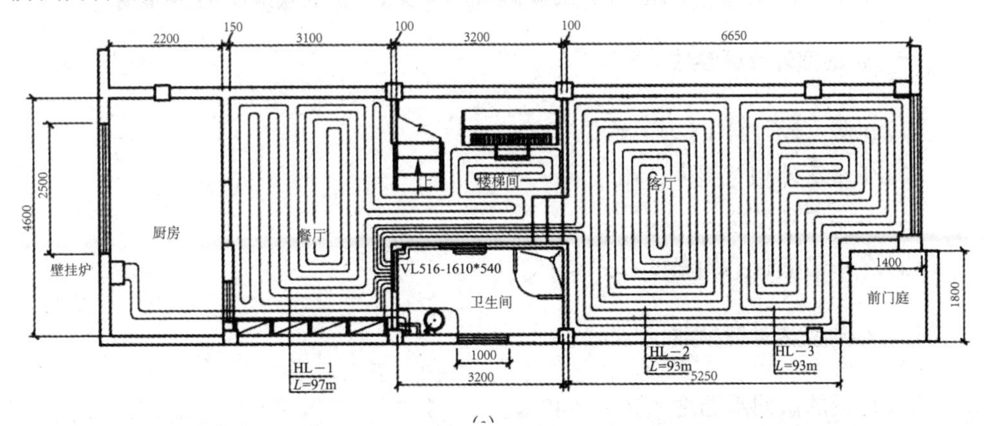

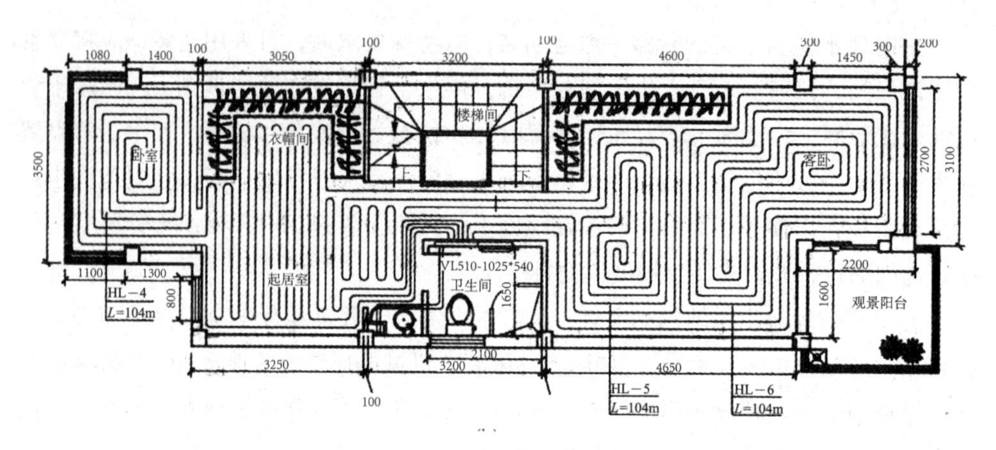

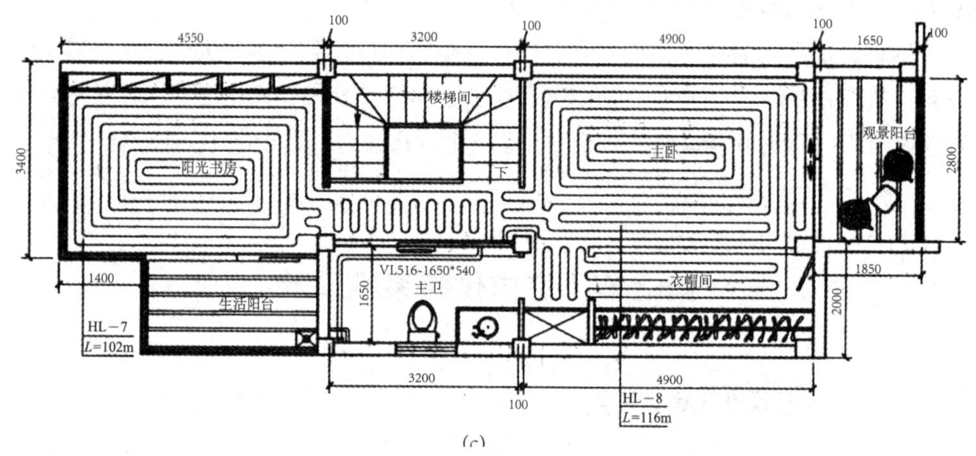

(c)

图 3–23　地暖布置平面图

(a) 一层地暖布置平面图；(b) 二层地暖布置平面图；(c) 三层地暖布置平面图

(一) 供暖室外计算参数

(1) 供暖室外计算 (干球) 温度：2℃。

(2) 冬季室外相对湿度：80%。

(3) 冬季室外风速：0.9m / s。

(4) 冬季最低日平均温度：－1 ~ 1℃。

(二) 供暖室内计算参数

(1) 地暖的供回水温度：56℃ / 48℃

(2) 散热器的供回水温度：56℃ / 48℃。

(3) 室内温度：卫生间 22℃；餐厅、卧室、阳光书房、起居室、衣帽间、楼梯间、客卧 20℃。

(三) 建筑土建资料

(1) 墙体：砖墙 K=2.08W／（m^2・℃）。

(2) 门：外门 K=2.33W／（m^2・℃）；双层推拉玻璃门 K=2.91（W／m^2・℃）；单层推拉玻璃门 K=6.4W／（m^2・℃）；单层木门 K=3.5W／（m^2・℃）。

(3) 屋面：K=0.93W／（m^2・℃）。

(4) 窗：K=6.4W／（m^2・℃）；玻璃幕，K=1.57W／（m^2・℃）。

二、供暖设计热负荷

地暖系统的功能就在于弥补建筑物热量损失，维持房间温度，提供舒适、温暖的环境。要使地暖系统实现这一功能，就必须准确了解建筑物的热量损失。建筑物热量损失即建筑耗热量，是指建筑物围护结构的传热量和空气渗透热损失。建筑物耗热量按式 (3-15) 计算：

$$Q = Q_1 + Q_2 - Q_3 \tag{3-15}$$

式中：Q——建筑物单位面积耗热量，W／m^2；

Q_1——单位建筑面积通过围护结构的耗热量，W／m^2；

Q_2——单位建筑面积的空气渗透热量，W／m^2；

Q_3——单位建筑面积的建筑物内部得热量 (包括炊事、照明、家电和人体散热等)。但人体散热量、炊事和照明热量 (统称为自由热)，一般散发量不大，且不稳定，通常可不计。

(一) 围护结构传热耗热量的计算

通过围护结构的温差传热量用式 (3-16) 计算：

$$Q_1' = KF\left(t_n - t_w'\right)a, \mathrm{W} \tag{3-16}$$

式中：Q_1'——通过供暖房间某一面维护物的温差传热量 (基本传热量)，W；

K——该面围护物的传热系数，W／（m^2・℃）；

F——该面围护物的散热面积，m^2；

t_n——室内空气计算温度，℃；

t_w'——室外供暖计算温度，℃；

a——温差修正系数。

当围护物是黏土的非保温地面 [组成地面的各层材料导热系数都大于 1.16W／（m・℃）] 时，需要对地面划分地带，划分时要与建筑的维护结构平行相距 2m，划分 3 个地带后余下的部分均按第四地带计算，其中第一地带靠近墙角的地面积需要计算两次。

(二) 冷风渗透耗热量的计算

对多层建筑，可通过计算不同朝向的门、窗缝隙长度以及从每米长缝隙渗入的冷空气量，确定其冷风渗透耗热量，这种方法称为缝隙法。

用缝隙法计算冷风渗透耗热量时，以前只是计算朝冬季主导风向的门窗缝隙长度，而朝冬季主导风向背风面的门窗缝隙不必计入。实际上，冬季中的风向是变化的，不位于主导风向的门窗，在某一时间也会处于迎风面，必然会渗入冷空气。因此，建筑物门窗的长度分别按各朝向可开启的外门、窗缝隙丈量，在计算不同朝向的冷风渗透空气量时，引进一个渗透空气量的朝向修正系数 n，即式 (3-17)：

$$V = Lln \tag{3-17}$$

式中：L——每米门、窗缝隙渗入室内的空气量，m^3 / （m · h)；

l——门、窗缝隙的计算长度，m;

n——渗透空气量的朝向修正系数。

确定门、窗缝隙渗入空气量 V 后，冷风渗透耗热量，可按式 (3-18) 计算：

$$Q_2' = 0.278V\rho_w c_p\left(t_n - t_w'\right), \mathrm{W} \tag{3-18}$$

式中：V——经门、窗缝隙渗入室内的总空气量，m^3 / h;

ρ_W——供暖室外计算温度下的空气密度，kg / m^3;

c_p——冷空气的质量定压热容，c =1kJ / （kg · ℃)；

0.278——单位换算系数，1kJ / h=0.278W。

(三) 冷风侵入耗热量的计算

冷风侵入耗热量，同样可以用式 (3-19) 计算：

$$Q_3' = 0.278V\rho_w c_p\left(t_n - t_w'\right), \mathrm{W} \tag{3-19}$$

式中：V——流入的冷空气量，m^3 / h;

ρ_W——供暖室外计算温度下的空气密度，kg / m^3;

c_p——冷空气的定压比热，c_p=1kJ / （kg · ℃)；

0.278——单位换算系数，1kJ / h=0.278W。

一楼客厅的外门冷风侵入耗热量的计算：可按开启时间不长的一道门考虑。外门冷风侵入耗热量为外门基本耗热量乘以 65%。

$$Q_3' = NQ_{1\cdot j\cdot m}' = 0.65\times1\times1.2\times1.9\times2.33\times(20-2)\times1 = 69.06\text{W}$$

对于开启时间长的外门，冷风侵入量可根据自然通风原理进行计算，或根据经验公式或图表确定，并计算冷空气的侵入耗热量。此外，对建筑物的阳台门不必考虑冷风侵入耗热量。

计算全面地板辐射供暖系统的热负荷时，应取对流供暖系统计算总热负荷的90% ~ 95%。

(四) 地面散热量的计算

由于餐厅区域、二楼衣帽间、客卧、阳光书房及三楼衣帽间是局部辐射供暖，所以它们的热负荷是由整个房间全面辐射供暖所算得的热负荷乘以该区域面积与所在房间面积的比值和表 3-7 中所规定的附加系数确定。

表 3–7　局部辐射供暖系统热负荷的附加系数

供暖区面积与房间总面积比值	0.55	0.40	0.25
附加系数	1.30	1.35	1.50

经测量，餐厅区域的实际供暖面积为 14.6m^2，即 14.6m^2 / 19.8m^2=0.74，所以餐厅区域的实际热负荷为：764 × 0.74 × 1.30=735W，即单位地面面积所需的散热量为50W / m^2。

二楼衣帽间的实际供暖面积为 2.1m^2，即 2.1m^2 / 5.5m^2=0.38，所以二楼衣帽间的实际热负荷为：345 × 0.38 × 1.35=177W，即单位地面面积所需的散热量为 84W / m^2。

客卧的实际供暖面积为 23m^2，即 23m^2 / 26m^2=0.88 > 0.75，则按全面耗热量计算。即单位地面面积所需的散热量为 79W / m^2。

三楼衣帽间的实际供暖面积为 3.5m^2，即 3.5m^2 / 5.8m^2=0.6，所以三楼衣帽间的实际热负荷为：573 × 0.6 × 1.30=447W，即单位地面面积所需的散热量为 127W / m^2。

三、供暖设计方案

本设计采用的是双管异程式下供下回式系统，此系统中供、回水干管沿地面暗装，各组散热器的进出水管下供下回，双管异程，都连在分 / 集水器支路上。在房间地面铺设热水管路。

(一) 低温热水系统的加热管设计

加热管的铺设间距和房间所需供热量、室内计算温度、平均水温、地面传热热阻等综合因素均有一定关系，为简化，本计算取每个房间的加热管间距为150mm。再根据公式(3-20)算出每个环路加热管的长度。

$$L = M / S \tag{3-20}$$

式中：M——加热管铺设面积；

S——布管间距；

L——加热管长度。

(二) 分水器、集水器设计

每个环路加热管的进水口、出水口，应分别与分水器、集水器相连接。分水器、集水器内径不应小于总供、回水管内径，且分水器、集水器最大断面流速不宜大于0.8m / s。每个分水器、集水器分支环路不宜多于8路，它的最高工作温度是85℃，最高工作压力为10MPa，每个分支环路供回水管上均应设置可关断阀门。

在分水器之前的供水连接管道上，顺水流方向应安装阀门、过滤器、阀门及泄水管。在集水器之后的回水连接管上，应安装泄水管并加装平衡阀或其他可关断调节阀。分水器、集水器上设置手动排气阀。

3个分水器、集水器的尺寸均为长800mm，高550mm，宽170mm。分水器、集水器长度用公式(3-21)计算：

$$L = 2n \cdot 50 \tag{3-21}$$

式中：n——加热管环路的个数；

L——分水器、集水器的长度。

由于一楼的加热管环路有4路，所以代入式(3-21)计算，可得：

$$L = 8 \times 50 = 400\text{mm}$$

同理二楼的分水器、集水器各自的长度为400mm；三楼的分水器、集水器各自的长度为300mm。

第四章　建筑供暖系统节能技术

供暖系统节能是实现50%建筑节能目标的主要途径。供暖系统节能的主要措施有：水力平衡、管道保温、提高锅炉热效率、提高供暖系统运行维护管理水平、供暖方式、室温控制调节和热量按户计费等。

第一节　建筑供暖计量与节能

新建建筑和既有建筑的节能改造应当按照规定安装热计量装置。计量的目的是促进用户自主节能，而室温调控是节能的必要手段。供热企业和终端用户间的热量结算，应以热量表作为结算依据。用于结算的热量表应符合相关国家产品标准，且计量检定证书应在检定的有效期内。

一、供暖计量的意义及方法

(一) 供暖计量的意义

(1) 节约能源实现热计量收费后，可以从以下4个途径节能：①调动用户节能意识，实现节能；②公用和商业建筑无人时实现值班供暖；③低负荷时采用质、量并调，降低循环水泵消耗；④利用恒温阀，充分利用室内自然得热。

国外的热计量经验表明，按照热量收费的制度是促使用户自觉节能的最有效手段。据统计，把“大锅饭”式的供暖包费制，改为按实际使用热量向用户收费，可节能20%～30%。在我国，长期以来实行的是福利制供暖，能耗多少与用户利益无关，这是“大锅饭”体制遗留下来的一大弊端，也是供暖节能工作的一个最大障碍。按照《中华人民共和国节约能源法》的规定，生活用能必须计量向用户收费，这是适应社会主义市场经济要求的一项重大改革，是供暖企业改变运行机制的重要举措，是促进建筑节能工作的一项根本措施。只有遵循市场经济规律，把热作为商品，由用户自行调节控制使用，并按实用热量合理收费，才能调动用热和供暖两方面的积极性，进而促进节能。

(2) 极大地促进环境保护。在我国，用于供暖、发电的一次能源中，燃煤占有最大比例，以煤炭作为主要能源造成严重的大气污染。我国计量供暖的实施不仅对我国，而且对世界环境保护都具有重要而深远的意义。

(3) 推动供暖行业整体水平的提高。随着市场经济的不断深入，政府、用户和供暖企业三者之间的关系已经完全转变。在过去的计划经济体制下，政府是供暖企业的老板，用户是福利制度的享受者，而供暖企业是福利制度的执行者，按面积收费的制度成为协调各方面的一个合理选择。而在市场经济下，用户是热的消费者，供暖企业是热的供应商，政府则是监督管理的协调机构。旧的福利制收费制度成为制约各方面发展的最大障碍。只有实现个人付费的供暖系统按热量计量收费制度后，才能理顺政府、用户和供暖企业三者之间的关系。

总之，计量供暖热能是为供暖这种商品提供公平交易的手段。而供热公司从用户手中直接获得供暖费，商品买卖的双方直接见面，可以使供暖企业提高供暖服务的质量和水平，用户掏钱买热，可提高用户的节能意识。供暖企业要进行成本核算，减少能耗，可提高运行管理水平和推动技术进步。

(二) 供暖计量的方法

就目前的计量技术而言，对热量的计量可以达到相当准确的程度。但对供暖系统而言，必须从技术和经济两方面考虑，不必追求过高的精度，即要求计量系统在满足必要精度的同时还要有足够的运行稳定性和适应我国相关技术的发展水平。

目前，欧盟各国在供暖工程中采用的热量计量方案可分为四种。每一种方案都有其自身的技术特点及不同的成本效益，如表 4-1 所示。

表 4–1　热量计量方案

方案 A	楼栋热量表：整个楼栋的热耗由安装在热力入口的一块热量表计量，每户热耗按面积分摊
方案 B	热水流量表及楼栋热量表：整个楼栋的热耗由安装在热力入口的一块热量表计量，每个住户的耗热量通过热水表计量再依次进行分配
方案 C	热分配表及楼栋热量表：整个楼栋的热耗由安装在热力入口的一块热量表计量，户内每个散热器的散热量由蒸发式或电子式热分配表计量
方案 D	户用热量表及楼栋热量表：整个楼栋的热耗由安装在热力入口的热量表计量，每个住户的热耗通过一块热量表计量

虽然每种方案都能计量用户耗热，但准确性、易用性和经济性却存在差异。计量准确度由高到低排序应是方案 D、方案 C (电子式)、方案 C (蒸发式)、方案 B、

方案 A；而所需费用由高到低排序则恰恰相反。

热计量方法的选择是推广计量供暖技术急需解决的问题。如何根据我国的实际情况，选择技术可靠、经济合理的热计量方法，是关系计量供暖能否良性发展的主要环节。

目前我国用户热量分摊计量方法也是在楼栋热力入口处（或换热机房）安装热量表计量总热量，再通过设置在住宅户内的测量记录装置，确定每个独立核算用户的用热量占总热量的比例，进而计算出用户的分摊热量，实现分户热计量。近几年供暖计量技术发展很快，用户热分摊的方法较多，有的尚在试验当中。

（1）散热器热分配计法适用于新建和改造的各种散热器供暖系统，特别是对于既有供暖系统的热计量改造比较方便、灵活性强，不必将原有垂直系统改成按户分环的水平系统。该方法不适用于地面辐射供暖系统。散热器热分配计法只是分摊计算用热量，室内温度调节须安装散热器恒温控制阀。

散热器热分配计法是利用散热器热分配计所测量的每组散热器的散热量比例关系来对建筑的总供热量进行分摊。热分配计有蒸发式、电子式及电子远传式三种，后两者是今后的发展趋势。

采用该方法时必须具备散热器与热分配计的热耦合修正系数。我国散热器型号种类繁多，国内检测该修正系数经验不足，还需要加强这方面的研究。

关于散热器罩对热分配量的影响，实际上不仅是散热器热分配计法面对的问题，其他热分配法（如流量温度分摊法、通断时间面积分摊法）也面临同样的问题。

（2）流量温度分摊法适用于垂直单管跨越式供暖系统和具有水平单管跨越式的共用立管分户循环供暖系统。该方法只是分摊计算用热量，室内温度调节须另安装调节装置。

流量温度分摊法是基于流量比例基本不变的原理。即对于垂直单管跨越式供暖系统，各个垂直单管与总立管的流量比例基本不变；对于在入户处有跨越管的共用立管分户循环供暖系统，每个入户和跨越管流量之和与共用立管流量比例基本不变；然后结合现场预先测出的流量比例系数和各分支三通前后温差，分摊建筑的总供热量。

由于该方法基于流量比例基本不变的原理，因此现场预先测出的流量比例系数的准确性就非常重要，除应使用小型超声波流量计外，更要注意超声波流量计的现场正确安装与使用。

（3）通断时间面积分摊法适用于共用立管分户循环供暖系统。该方法同时具有热量分摊和分户室温调节的功能，即室温调节时对户内各个房间室温作为一个整体统一调节而不实施对每个房间单独调节。

通断时间面积分摊法是以每户的供暖系统通水时间为依据，分摊建筑的总供热量。该方法适用于分户循环的水平串联式系统，也可用于水平单管跨越式和地板辐射供暖系统。选用该分摊方法时，须注意散热设备选型与设计负荷要良好匹配。不能改变散热末端设备容量，户与户之间不能出现明显水力失调，不能在户内散热末端调节室温，以免改变户内环路阻力而影响热量的公平合理分摊。

(4) 户用热量表法系统由各户用热量表和楼栋热量表组成。户用热量表安装在每户供暖环路上，可以测量每个住户的供暖耗热量。这种方法也需要对住户位置进行修正。它适用于分户独立式室内供暖系统及分户地面辐射供暖系统，但不适用于采用传统垂直系统的既有建筑的改造。

综上所述，我国的供暖计量方法和欧盟的供暖计量方案的基本原理是相同的。不同的计量方法可能有不同的结果，即使同一种方法也可能有不同的计量结果。这些问题都反映出我们供暖计量技术装置在可靠性上仍然有大量工作待研究和开展。随着技术进步和热计量工程的推广，还会有新的热计量方法出现，国家和行业鼓励这些技术创新，以在工程实践中进一步完善后，再加以补充和修订。

(三) 选择热计量方法的基本原则

(1) “以人为本” 原则。热计量系统应满足热用户要求，并且不会给热用户带来不便。

(2) 技术原则。计量设备及系统要满足一定的精度要求，同时计量系统应具有一定的运行稳定性和可靠性。

(3) 经济原则。计量收益必须大于计量投资。即热用户通过计量所节约的费用必须大于对热计量的投入。

(4) 社会原则。热计量方式的选择要依据社会发展水平和用户收入水平。

如何确定计量收益和不同计量方式的计量投资是当前选择计量方式的基本点。不宜盲目追求供暖计量的绝对精确和公平，而宜按照上述原则在市场机制下选择合理的计量方式。

二、热计量仪表及温控设备

供暖系统分户热计量有多种方法。不同的计量方法和计量模式决定所选用的计量装置和计量仪表形式不同。

(一) 供暖计量原理

分户热量计量按计量原理一般分为以下三种。

(1) 热量表测量热用户从供暖系统中取用的热量 (J)，即

$$Q = c\int G\left(t_g - t_h\right)\mathrm{d}t \tag{4-1}$$

式中：c——热水比热容，c=4.187kJ /（kg · ℃ ）；

G——热水的质量流量；

t_g——供水温度；

t_h——回水温度；

t——计量仪表的采样周期。

(2) 测量散热设备放出的热量，即

$$Q = F\int K\left(t_p - t_n\right)\mathrm{d}t / \left(\beta_1\beta_2\beta_3\right) \tag{4-2}$$

式中：F——散热器的散热面积；

K——散热器的传热系数；

t_h——散热器内热媒的平均温度，$t_p = \dfrac{t_R + t_h}{2}$；

t_n——室内供暖计算温度；

β_1、β_2、β_3——与散热器使用条件有关的系数；

t——计量仪表的采样周期。

(3) 测量热用户的供暖负荷，即

$$Q = q_v\int\left(t_n - t_w\right)\mathrm{d}t \tag{4-3}$$

式中：q_v——建筑物的体积供暖热指标；

V——建筑物的体积；

t_n——实测的建筑物室内温度；

t_w——实测的建筑物室外温度；

t——计量仪表的采样周期。

(二) 热量计量仪表

热量计量仪表按计量原理不同可分为两大类，一类是热量表，另一类是热分配表。

(1) 热量表。进行热量测量预计算，并作为结算依据的计量仪器称为热量表。热量表由一个热水流量计、一对温度传感器和一个积算仪组成。温度传感器采用热敏电阻或铂电阻，积算仪均配有微处理器，用户可直接观察到使用的热量和供回水温度。有的智能化热量表除可直接观察到使用的热量和供回水温度外，还具有可直接读取热费和进行锁定等功能。热量表电源有直流电池和直接交流电源两种。

根据流量传感器的形式，可将热量表分为机械式热量表、超声波式热量表和电磁式热量表。机械式热量表的初投资相对较低，但流量传感器对轴承有严格要求，以防止长期运转由于磨损造成误差较大；对水质有一定要求，以防止流量计的转动部件被阻塞，影响仪表的正常工作。超声波式热量表的初投资相对较高，流量测量精度高、压损小、不易堵塞，但流量计的管壁锈蚀程度、水中杂质含量、管道振动等因素将影响流量计的精度，有的超声波式热量表需要直管段较长。电磁式热量表的初投资相对机械式热量表要高，但流量测量精度是热量表所用的流量传感器中最高的，压损小。电磁式热量表的流量计工作需要外部电源，而且必须水平安装，需要较长的直管段，这使得仪表的安装、拆卸和维护较为不便。

（2）热分配表。热分配表可以结合热量表测量散热器向房间散发出的热量。只要在住户的全部散热器上安装热分配表，结合楼入口的热量总表的总用热量数据，就可以得到全部散热器的散热量。热分配表有蒸发式和电子式两种。

第一，蒸发式热分配表。该种热分配表主要包括导热板和蒸发液。蒸发液是一种带颜色的无毒的化学液体，装在细玻璃管内密闭的容器中，容器表面是防雾透明胶片，上面标有刻度，与导热板组成一体，紧贴散热器安装。散热器表面将热量传给导热板，导热板将热量传递到液体管中，由于散热器持续散热，管中的液体会逐渐蒸发而减少，可以读出与散热器热量有关的蒸发量，从而计量每组散热器的用热比例，再结合设于建筑物引入口的热量总表的总用热量数据，就可以计算出各组散热器的散热分配量。此种热分配表结构简单、成本低廉，不管室内供暖系统为何种形式，只要在全部的散热器上安装热分配表，即能实现分户计量。这种热计量方式适用于传统的供暖系统。

第二，电子式热分配表。该种热分配表是在蒸发式热分配表的基础上发展起来的计量仪表，它须同时测量室内温度和散热器的表面温度，利用两者的温差确定其散热量。该种仪表具有数据存储功能，并可以将多组散热器的温度数据引至户外的存储器。此种热分配表计量方便准确，但价格高于蒸发式热分配表，目前在国外开始流行使用。

（三）温控设备

目前在供暖系统中，散热器温控阀是用户计量供暖系统的主要温控装置，它由恒温控制器、流量调节阀及一对连接件组成。

（1）恒温控制器。恒温控制器的核心部件是传感器单元，即温包。根据温包位置区分，恒温控制器有温包内置和温包外置（远程式）两种形式，温度设定装置也有内置式和远程式两种形式，可以按照其窗口显示值来设置所要求的控制温度，并加以自动控制。温包内充有感温介质，能够感应环境温度，当室温升高时，感温介质吸热膨胀，关小阀门开度，减少流入散热器的水量，降低散热量以控制室温；当室温降低时，感温介质放热收缩，阀芯被弹簧推回而使阀门开度变大，增加流经散热器的水量，从而恢复室温。温控阀设定温度可以人为调节，温控阀会按设定要求自动控制和调节散热器的热水流量。

根据温包内灌注感温介质的不同，常用的温包主要有蒸汽压力式、液体膨胀式和固体膨胀式三类。

第一，蒸汽压力式。金属温包的一部分空间内盛放低沸点液体，其余空间包括毛细管内是这种液体的饱和蒸汽。当室温升高时，部分液体蒸发为蒸汽，推动波纹管关小阀门，减少流入散热器的水量；当室温降低时，部分蒸汽凝结为液体，波纹管被弹簧推回而使阀门开度变大，增加流经散热器的水量，提高室温。蒸汽压力式温包价格便宜，但对于密封和防渗漏有较严格的要求。

第二，液体膨胀式。温包中充满比热容小、热导率高、黏性小的液体，依靠液体的热胀冷缩来完成温控工作。工作介质常采用甲醇、甲苯和甘油等膨胀系数较高的液体，因其挥发性也较高，因此对于温包的密封性有较严格的要求。

第三，固体膨胀式。温包中充满某种胶状固体（如石蜡等），依靠热胀冷缩的原理来完成温控工作。通常为了保证介质内部温度均匀和感温灵敏性，在石蜡中还混有铜末。

（2）流量调节阀。散热器温控阀的流量调节阀阀杆采用密封式活塞形式，在恒温控制器的作用下直线运动，带动阀芯运动以改变阀门开度。流量调节阀应具有良好的调节性能和密封性能，长期使用可靠性高。

散热器温控阀应正确安装在供暖系统中，用户可根据对室温的要求自行调节并设定室温，这既可以满足舒适性要求，又可以实现节能。散热器温控阀应安装在每组散热器的进水管上或分户系统的入口进水管上。内置式传感器不主张垂直安装，因为阀体和表面管道的热效应可能导致恒温控制器的错误动作。另外，为确保传感器能感应到室内环流空气的温度，传感器不得被窗帘盒、暖气罩等覆盖。

（四）散热器温控阀的功能

温控和计量是不可分割的。散热器温控阀正确安装在供暖系统中，用户可根据对室温高低的要求调节并设定室温，这样就确保了各房间的室温恒定，避免了立管水量不平衡以及单管系统上下层室温不均的问题。同时，通过以下几点既可以提高室内热环境舒适度，又可实现节能。

（1）恒温控制。通常供暖设备容量的选型是按照在冬季较低的室外计算温度下满足室内温度需要的原则来确定，但是室外气温是在不断波动变化的，耗热量也随之波动变化，在一天里的各个时刻、在一个供暖季的每一天，耗热量都不相同，在正午或者初、末寒时间里耗热量将较低。如果不及时控制减少供暖设备的出力，就会造成能量浪费。因此，随气候的变化动态地调节出力，控制室温恒定，即可节能。同时，消除温度的水平和垂直失调，也能使有利环路减少能量浪费，同时使不利环路达到流量和温度的要求。

（2）自由热控制。阳光入射、人体活动、炊事、电器等热量称为供暖自由热（Free Heat），这部分热量由于不确定性而没有在设计运行中予以充分考虑，仅作为安全系数考虑。实现室温控制后，这部分能量就可以有效地得到节省。同时，不同朝向的房间温差也可以消除，这样既提高了室内环境的舒适度，又节省了能量。

（3）运行模式控制。办公建筑、公共建筑在夜间、休息日无须满负荷供暖。住宅用户也应做到无人断热，以节省能量。甚至在不同的房间可以实行不同的温度控制模式：当人员集中在客厅时，卧室温度可以降低设定，客厅温度可以升高设定；在睡眠时间里，卧室温度可以升高设定，客厅温度可以降低设定等。这些功能可以通过散热器温控阀来实现，以达到节能目的。

三、计量供暖系统选择与应用

集中供暖住宅应根据采用热量的计量方式选用不同的供暖系统形式。当采用热分配表加楼用总热量表计量方式时，宜采用垂直式供暖系统；当采用户用热量表计量方式时，应采用共用立管分户独立供暖系统。

适于热量计量的垂直式室内供暖系统应满足温控、计量的要求，必要时增加锁闭措施。

共用立管分户独立供暖系统即集中设置各户共用的供回水立管，从共用立管上引出各户独立成环的供暖支管，支管上设置热计量装置、锁闭阀等，这种便于按户计量的供暖系统形式，既可解决供暖分户计量问题，同时也有利于解决传统的垂直双管式和垂直单管式系统的热力失调问题，并有利于实施变流量调节的节能运行方案。该系统适合于新建住宅的分户计量供暖系统，我国的新建住宅建筑基本上采用该系统，即新建分户计量供暖系统。

（一）新建分户计量供暖系统户外形式

分户热计量供暖系统的共同点是在户外楼梯间设置共用立管，为了满足调节的需要，共用立管应为双管制式。每户单独从共用立管引出，户内采用水平式供暖系统，每户形成一个独立的循环环路。供、回水共用立管对每个户内供暖系统设有一个热力入口，在每一户管路的起止点安装锁闭阀，在起止点其中之一处安装调节阀和流量计或热量表。

供暖回水管的水温较供水管的低，流量传感器安装在回水管上所处环境温度也较低，有利于延长电池寿命和改变仪表使用工况。曾经一度有观点提出热量表流动阻力小，下层的重力作用压力也较小。因此对于住宅分户热计量系统，在同等条件下，应首选下供下回异程式双立管系统。

通常建筑物的一个单元设一组供回水立管，多个单元的供回水干管可设在室内或室外管沟中。干管可采用同程式或异程式，单元数较多时宜用同程式。分户式供暖系统宜用不残留型砂的铸铁散热器或其他材质的散热器，系统投入运行前应进行冲洗，此外用户入口还应装过滤器。

(二) 新建分户计量供暖系统户内形式

(1) 与以往采用的水平式系统的主要区别在于：①水平支路长度限于一个住户之内；②能够分户计量和调节供热量；③水平单管系统比水平双管系统布置管道方便，节省管材，水力稳定性好。在调节流量措施不完善时容易产生竖向失调，设计时对重力作用压头的计算应给予充分重视，以减轻对竖向失调的影响，并解决好排气问题。如果户型较小，又不宜采用 DN15 的管子时，水平管中的流速有可能小于气泡的浮升速度，可调整管道坡度，采用气水逆向流动，利用散热器聚气、排气，防止形成气塞，可在散热器上方安装排气阀或利用串联空气管排气。

(2) 分户水平双管系统。该系统中每个住户内的各散热器并联，在每组散热器上装调节阀或恒温阀，以便分室进行控制和调节。

分户水平双管系统在每个支环路上，各散热器的进水温度相同，不会出现分户水平单管系统的尾部散热器温度可能过低的问题，同时对单组散热器的调节比较方便。但是分户水平双管系统的流动阻力小于分户水平单管系统，因此，系统的水力稳定性不如分户水平单管系统。水平放射式系统在每户的供暖管道入口设小型分水器和集水器，各散热器并联。从分水器引出的散热器支管呈辐射状埋地敷设（因此又称为“章鱼式”）至各散热器，散热量可单体调节。支管采用铝塑复合管等管材，要增加楼板的厚度和造价。

第二节 气候补偿与节能

建筑物的耗热量因受室外气温、太阳辐射、风向和风速等因素的影响，时刻都在变化。要保证在室外温度变化的条件下，维持室内温度符合用户要求（如 18℃），就要求供暖系统的供回水温度应在整个供暖期间根据室外气候条件的变化进行调节，以使用户散热设备的放热量与用户热负荷的变化相适应，防止用户室内温度过高或过低。即通过气候补偿器及时而有效地运行调节，使得在保证供暖质量前提下达到节能的效果。

一、气候补偿器基本工作原理

当室外气候发生变化时，布置在建筑室外的温度传感器将室外温度信息传递给气候补偿器。气候补偿器根据室外空气温度的变化和其内部设有的不同条件下的调节曲线求出恰当的供水温度，通过输出调节信号控制电动调节阀开度，从而调节热源出力，使其输出供水温度符合调节曲线水温以满足末端负荷的需求，实现系统热量的供需平衡。气候补偿节能控制系统依据室外环境温度变化，以及实际检测供/回水温度与用户设定温度的偏差，通过 PI/PID 方式输出信号控制阀门的开度。在供暖系统中，气候补偿器能够按照室内供暖的实际需求，对供暖系统的供热量进行有效的调节，有利于供暖的节能，最大化地节约能源，克服室外环境温度变化造成的室内温度波动，达到节能、舒适之目的。

二、气候补偿器系统组成

一般气候补偿器系统由四种主要产品组成：

（1）气候补偿节能控制器。气候补偿节能控制器由温度控制器和时间设定器组成。其作用是依据供/回水温度，以及室外温度进行气候补偿温度控制和时段设定。

（2）温度传感器。温度传感器的作用是检测供/回水温度（依据实际管径大小，可选捆绑式和浸入式两种）。

（3）室外温度补偿传感器。室外温度补偿传感器的作用是检测室外温度。

（4）电动温控阀。电动温控阀的作用是用于液体、气体系统管道介质流量的模拟量调节。如一次系统介质为水，且水泵为变频运行或介质为蒸汽时，阀门一般采用二通阀体；如一次系统介质为水，且水泵为工频运行时，建议选用三通阀体，避免破坏水泵的运行工况，达到节电的目的。

三、气候补偿器适用范围

气候补偿器一般用于供暖系统的热力站中，或者采用锅炉直接供暖的供暖系统中，是局部调节的有力手段。气候补偿器在直接供暖系统和间接供暖系统中都可以应用，但在不同的系统中其应用方式有所区别。

(一) 直接供暖系统

当温度传感器检测到供水温度值在允许波动范围值之内时，气候补偿器控制电动调节阀不动作；当供水温度值高于计算温度允许波动的上限值时，气候补偿器控制电动调节阀门增大开度，增加进入系统供水中的回水流量，以降低系统供水温度；反之亦然。

(二) 间接供暖系统

在间接供暖系统中，气候补偿器通过控制进入换热器的一次侧供水流量来控制用户侧供水温度。当温度传感器检测到用户侧供水温度值在允许波动范围值之内时，气候补偿器控制电动调节阀不动作；当用户侧供水温度值高于计算温度允许波动的上限值时，气候补偿器控制电动调节阀门增大开度，通过增大旁通管的供水流量，减少进入换热器的一次侧供水流量，以减小换热量，进而降低用户侧供水温度；反之亦然。

四、气候补偿器的供暖调节特性

供暖系统进行供暖调节的目的就是维持供暖房间的室内温度 t_n 稳定。公式 (4-4) 为进行供暖热负荷调节的基本公式：

$$\bar{Q}=\frac{t_n-t_m}{t_n-t_n^{'}}=\frac{\left(t_n+t_n-2t_n\right)^{1+b}}{\left(t_n^{'}+t_n^{'}-2t_n\right)^{1+b}}=\bar{G}\frac{t_n-t_n}{t_n^{'}-t_n^{'}} \tag{4-4}$$

式中：$\bar{Q}$——实际室外温度 t_w 条件下与供暖室外计算温度 $t_w^{'}$ 条件下的相对供暖热负荷比；

$\bar{G}$——实际室外温度 t_w 条件下与供暖室外计算温度 $t_w^{'}$ 条件下的相对流量比；

$t_g^{'}$、$t_h^{'}$、t_n——供暖室外计算温度 $t_w^{'}$ 条件下的供暖热用户的供水温度、回水温度、供暖室内计算温度，均为已知参数；

t_g、t_h——实际室外温度 t_w 条件下供暖热用户的供 / 回水温度；

b——与散热器有关的指数。

（1）不同室外温度条件下，供暖用户系统的供回水温度。供暖用户系统进行供暖调节的主要方法是质调节方法，即在供暖用户系统循环流量不变的条件下，随着室外温度变化，改变用户系统供回水温度。质调节的条件：循环流量不变，即$\bar{G}$ =1代入供暖热负荷供暖调节基本公式中，可确定某一室外温度条件下供暖用户系统供水温度t_g 、回水温度t_h。

$$\begin{aligned} t_{\mathrm{g}} &= t_{\mathrm{n}} + 0.5\left(t_{\mathrm{g}}' + t_{\mathrm{h}}' - 2t_{\mathrm{n}}\right)\overline{Q^{\frac{1}{1+b}}} + 0.5\left(t_{\mathrm{g}}' - t_{\mathrm{h}}'\right)\bar{Q} \\ t_{\mathrm{h}} &= t_{\mathrm{n}} + 0.5\left(t_{\mathrm{g}}' + t_{\mathrm{h}}' - 2t_{\mathrm{n}}\right)\overline{Q^{\frac{1}{1+b}}} - 0.5\left(t_{\mathrm{g}}' - t_{\mathrm{h}}'\right)\bar{Q} \end{aligned} \tag{4-5}$$

（2）供暖用户与外网采用换热器间接连接时，外网的流量要求。在设置气候补偿器系统中，室外热水网路和供暖用户采用换热器间接连接时，外网供水温度i_g'和外网回水温度i_h'不随室外温度t_w变化而变化，室外热水网路向供暖用户供暖的调节方式采用量调节方式，即不改变外网供/回水温度，通过调节电动三通阀开度，改变外网供/回水流量。进行量调节方法是调节外网流量使之随供暖热负荷变化而变化，使热水网路相对流量比等于供暖热用户相对热负荷比，即：

$$\bar{G}_{\mathrm{w}} = \bar{Q} \tag{4-6}$$

利用公式就可计算出室外热水网路和供暖用户采用换热器间接连接时，热水网路需要的流量。

五、气候补偿器系统特点

由于气候补偿系统的组成和其调节特性，所以气候补偿系统有其自身的特点：

（1）针对不同的现场工况，选择相应的曲线号，实现各种智能化节能运行模式，无人值守，性价比高。

（2）通过微积分计算，提前预测温度变化趋势，控温准确；采用连续调节 PI / PID 控制方式，控制精度最高可达到 0.5℃。

（3）可由控制器读取当前实际供 / 回水温度、室外环境温度、控制器使用曲线号，设定供 / 回水温度、温控阀实际开度。

（4）日期和时间显示，每日程序和每周程序设置，多个可编程时间段设置，手动开关控制，大屏幕液晶显示，数字输入的定时器。

（5）自动工作模式：启动分时段工作方式，按时段的温度设定自动改变。

（6）手动工作模式：分时段设定的数据无效，连续执行现行的设定温度。

（7）记忆功能，断电后已设定的数据不会丢失，备存一段时间（如 72h）。

（8）低温保护，防冻功能。

(9) 控制供暖温度，提高了舒适性，又避免了不必要的能量消耗，节能效果显著。

第三节　建筑供暖系统节能改造

实行供暖计量收费的前提是用户供暖系统能够分户计量、用户自主控制。目前我国大量采用的室内上供下回单管顺流式系统不能进行分户计量和自主调节，需要对其进行改造。本节以垂直单管顺流式系统分户计量改造为例，详细介绍改造的原则，以及室内与热力站(热力引入口)改造运行方案。

一、既有供暖系统分户热计量改造原则

对原有供暖系统改造一般是指将传统的垂直单管顺流式系统改造为能进行热计量收费的采暖系统。分户热计量的供暖系统具有调节功能。选择热计量改造方案的原则如下。

(一) 技术可靠

热量计量系统应具有一定的运行可靠性和稳定性，热计量装置要满足一定的精度要求，并具有一定的使用寿命，尽量减少设备的维修量。

(二) “以人为本”

尽量减少给热用户带来不便，同时应该满足热用户的供暖需求。

(三) 经济效益

在使用年限内，必须保证分户计量后收益大于计量投资，即热用户通过分户计量所节约的费用大于热用户对热计量的投入。

(四) 环境效益

采用分户计量后节约的能源，以及生产过程中所减轻的环境污染，应该和政府投入相适应。

(五) 社会效益

根据社会经济发展水平和热用户收入水平来选择热计量方式，不能超过目前热用户和社会承担的能力，即不能急功近利。

在分户热计量的大环境下，如何根据经济收益、环境效益和社会效益来选择热计量的方式，是目前的难点。既要宏观地调控市场，又不能盲目地、不切实际地为了追求绝对精确和公平，超过社会和热用户的经济承受能力，而是要在宏观调控下用市场机制来合理地选择热计量方式。

二、室内供暖系统分户热计量改造方案

把传统的垂直单管顺流式系统改为垂直单管跨越式供暖系统，就是在散热器的水平支管之间增设一个跨越管，在水平支管加两通温控阀或在水平支管与跨越管上安装一个三通温控阀，以控制流经散热器的流量，当用户室内负荷发生变化时，可以自动调节散热器的热水流量，满足用户所设定的室温需求。可在每组散热器上加蒸发式或电子式热分配表实现热量计量，同时室外热力入口设置热量总表，用来计量系统的总热量，然后按照室内显示比例收取热费。

这种改造供暖系统的优点是对室内装修的影响较小，改造的工程量小，用户容易接受，改造系统节能效果明显。根据用户的不同要求，可以通过温控阀调整散热器的流量，充分利用太阳辐射热量、人体散热量、炊事和照明等散热量，使节能量可达 15%～20%。户内改造过程中应遵循上述原则并采取如下改造措施：第一，确定进入散热器与旁通管的流量分配。进流系数为 0.3 左右时调节性能最好。第二，确定跨越管的管径。对跨越管管径的选择有两种意见：一种认为应该比散热器支管管径小一号；另一种认为两者的管径应该保持一致。第三，散热器进出口温差大小应在 10～15℃。第四，加旁通管后，散热量减小应在 10% 以内，超过 10%，则应采取下列措施：一是增加散热面积进行补偿；二是调整进流系数；三是增加立管流量（采取以上三种措施之一即可）。第五，垂直单管跨越式系统可以看作定流量系统，立管采用定流量阀（若考虑到同时调节的概率小，可以省去立管的定流量阀）。第六，入口加定压差阀，上供水加过滤器，根据温控阀和热量表的要求，确定是否上粗、细两个过滤器，以保证水质。

三、供暖系统热力站（或热力引入口）节能改造

根据垂直单管跨越式系统户内调节的特点，站内运行可根据户内立管是否装自力式流量控制阀，热力站二次侧可分为两种运行方式。即当户内立管装自力式流量

控制阀时，二次侧采用定流量运行的系统，一次侧采用变流量系统；反之，二次侧采用热力站控制进出口压差的系统，一次侧采用变流量系统。

第四节　凝结水回收利用与节能

一、凝结水回收利用的意义

蒸汽在用热设备内放热凝结后，凝结水出用热设备，经疏水器、凝结水管道返回热源的管路及其设备组成的整个系统，称为凝结水回收系统。

在蒸汽供暖系统中，用汽设备凝结水的回收是一项重要的节能、节水措施，可以达到如下效果。

（一）节约锅炉燃料

凝结水所具有的热量占蒸汽热量的15%～30%，有效利用这部分热量，将会节约大量燃料。相对于不回收凝结水的系统，凝结水回收改造的节能潜力大于热力系统中的其他环节。

（二）节约工业用水

凝结水一般可以直接作为锅炉给水，可以大幅度节约工业用水，即使凝结水被污染，也有相应的水处理方法，经过处理的水仍然可以有效地加以利用。

（三）节约锅炉给水处理费用

由于凝结水可直接用于锅炉给水，因此可节约这部分水的软化处理费用。

（四）减轻大气污染

热量的回收可减少锅炉的燃料消耗量，燃料消耗量的减少也就减少了烟尘和SO_2的排放量，因此，减轻了对大气的污染。

（五）减轻噪声污染

若蒸汽疏水阀出口向大气排放，排放凝结水时会产生很大的噪声。回收凝结水时，疏水阀的出口连接在回收管上，排放声音不易扩散到外部，可减轻噪声污染。

(六) 改善现场环境

如果凝结水直接向大气排放，由于凝结水的再蒸发，会使工厂内热气弥漫，工作环境恶化，并给设备的维修和管理带来不良影响。实行凝结水回收后，消除了因排放凝结水而产生的热气，从而生产环境可以得到显著改善。

(七) 提高表观锅炉效率

回收凝结水，可提高锅炉的给水温度，因此可提高表观锅炉效率。

综上所述，锅炉凝结水的回收与利用是一项非常重要的工作，具有很大的节能潜力。

二、凝结水回收利用系统

凝结水回收系统按其是否与大气相通，可分为开式凝结水回收系统和闭式凝结水回收系统；按照凝结水流动的动力，可把凝结水回收系统分为余压回水、重力回水和加压回水三大类；按凝结水的流动方式不同，可分为单相流和两相流两大类。单相流可分为满管流和非满管流两种流动方式。满管流是指凝结水靠水泵动力或位能差充满整个管道截面呈有压流动的流动形式；非满管流是指凝结水并不充满整个管道截面，靠管路坡度流动的流动方式。

三、凝结水回收利用实例

宝鸡卷烟厂的冷凝水回收系统，综合了开式、闭式两种回收方式的优点，通过在回收水箱前增加余热交换器，最大限度地回收热能，减少了闪蒸产生；利用疏水加压泵和汽压回水器取代了传统闭式回收系统水泵，整个系统无人值守、运行可靠，节能效果显著。

(一) 系统概况

冷凝水回收系统主要包括：冷凝水管网、疏水阀、疏水加压泵、汽压回水器、检测设备和回收水箱等。为了保证冷凝水的品质，冷凝水回收系统管网全部采用耐酸不锈钢无缝钢管，管道上控制阀门均采用不锈钢阀门，共敷设回收管线 3000 多米。将 27 台工艺设备、29 台空调、4 台制冷机、3 台洗浴换热器、2 台供暖热交换机组、2 台空调热交换机组等设备的蒸汽冷凝水，通过车间内明装、厂区地沟铺设的方式，全部回收到锅炉房的回收水箱，供锅炉使用。

(二) 节能降耗效益分析

根据动力能源统计数据，蒸汽总产量为87925℃，凝结水回收量按照85%（设计回收量为88.88%）计算，回收的凝结水温度在105℃左右（经过余热利用后凝结水温度在95℃左右）；煤低位发热值为5100kcal / kg；14℃软化水发热值为14kcal / kg；105℃凝结水热焓值为105 kcal / kg。

（1）节约水量节约水量。即为凝结水回收量：74736℃ / 年。

（2）节约燃煤。

[（105−14）÷ 4−5100 × 74736+80%]t=1666.91t 原煤。

注：80% 为锅炉效率。

（3）节约软化水处理费用。因回收的凝结水品质较好，直接供锅炉使用，所以可节约软化水处理费用：74736℃ / 年 ×5 元 / t=37.37 万元 / 年。

第五节　锅炉排污及烟气的回收利用与节能

一、锅炉排污

由于锅水不断蒸发浓缩，剩余水中的杂质含量越来越高。为降低锅水中盐、碱的含量，排放锅水中的水渣和其他杂质，保证锅水的质量，必须经常地从锅水中排放一部分浓缩后的污水。将锅炉工质中的污物排出的过程称为锅炉排污。通过锅炉排污可降低锅水含盐量，避免发生汽水共腾，保证蒸汽品质，但锅炉的热损失和水损失会增加；锅炉排污可排出积聚在锅筒和下集箱底部的泥渣、污垢，当锅炉水位过高时，还可通过锅炉排污降低水位。

锅炉排污水与锅炉蒸发量的比值称为锅炉排污率 ρ_{PW}，通常用质量分数表示。一般对于供暖锅炉，蒸发量不高于20℃ / h 时 ρ_{PW}=5%，蒸发量不低于20℃ / h 时 ρ_{PW}=2% ~ 5%；对于电站锅炉，我国规定的最大允许排污率：对于凝汽式电站 ρ_{PW}=1%（除盐水）~ 2%（软化水）；对于热电站 ρ_{PW}=2%（除盐水）~ 5%（软化水）。运行中实际的排污率可以根据水质分析结果计算确定。如果排污不足将直接影响锅水和蒸汽的质量，严重时会出现汽水共腾、热力设备结垢、爆管等现象，影响电厂运行的安全性；如果排污过量则会产生工质热量方面的损失，影响蒸汽系统运行的经济性。

锅炉中的排污分定期排污（也称间断排污或底部排污）和连续排污（也称表面排

污）两种，相应的装置分别是定期排污装置和连续排污装置。定期排污定时地从水冷壁下集箱或锅筒底部排放锅水、沉积物及水渣；连续排污连续地从锅筒中在接近水表面处排放锅水、悬浮物及油脂等。定期排污 ρ_{PW}=0.1% ~ 0.5%，排污量小，间隔时间长，一般 8 ~ 12h 或更长时间排一次。所有锅炉均设有定期排污装置，进口锅炉不论蒸发量大小，均既设定期排污又设连续排污；而国产蒸发量在 4t / h 及以下的蒸汽锅炉一般只设定期排污而不设连续排污。热水锅炉也要进行排污，一般只做定期排污。

一般来说，只要采取合适的水处理工艺和正确的连续排污控制方法，供暖蒸汽锅炉的排污率不会超过 10%。我国目前大部分供暖蒸汽锅炉，由于连续排污的控制方法不当导致排污率高达 20% ~ 30%。再加上对排污的热量没有进行有效的回收或回收比例低，成为影响锅炉运行中热能有效利用的主要因素之一。调查显示，供暖锅炉普遍存在着排污过量问题，一般情况下，蒸发量较大的锅炉在水处理及综合管理方面要优于小锅炉，其排污的合理性也优于蒸发量较小的锅炉。

供暖锅炉的排污系统随着热用户的不同而存在很大差别，连续排污和定期排污形式的选择也不尽相同。但供暖锅炉的排污系统都有一个显著的特点，那就是排污系统中对工质和热量的回收考虑得很少或者根本就没有考虑，有的甚至将二次蒸汽直接排空，将连续排污水直接排入地沟，不仅造成了大量工质和热量损失，还会造成热污染及水质污染。

排污水的热量在锅炉的热力计算中归属于锅炉有效吸热量，因此在进行供暖锅炉节能分析时不易引起重视。事实上，排污水属于锅炉的自用汽（水）范畴，影响锅炉的净效率。排污水中除含有少量的水垢、泥沙等沉积物外，绝大部分是含有大量热能的软化水，对其加以回收利用，可以使企业节能降耗，增加效益。总之，合理排污、锅炉排污水及其热能的开发利用，是一项潜力巨大、应用广泛且简单易行的节能措施，应该得到足够的重视。

二、锅炉排污原则及排污系统

锅炉排出的高温高压水中，含有从燃料中吸收的大量热量，因此，锅炉排污应该是在保证锅水品质和蒸汽质量的前提下，最大限度地减少锅炉排污量，以提高锅炉热量利用率，降低燃料成本。

合理地设置排污装置，及时正确地进行排污，保持锅炉水质良好，是减缓或防止水垢生成，保证蒸汽质量和防止金属腐蚀的重要措施，对保证锅炉安全经济运行十分重要。但在实际运行中，由于忽略排污的作用而引起锅炉受热面鼓包变形的情况时有发生。

(一) 排污原则

(1) 搞好水质处理。降低排污率的根本措施是搞好水质处理，使锅炉给水水质符合标准要求。一台锅炉排污率的高低，主要取决于给水处理效果和锅炉负荷大小。当锅炉负荷一定时，水质处理越好，排污率越低；反之，给水质量越差，排污率越高。有些供暖锅炉原水的硬度、碱度较高，而锅炉给水的除盐系统又始终没有使用，为保证锅炉的正常安全运行，锅炉的排污量必须维持在 10% 以上。对于原水碱度很高的地区，若给水单纯采用钠型软化处理时，锅炉排污率可高达 30% 以上，尽管经过扩容器和换热器回收了一部分热能，但仍然有大量的水被排掉。下面给出几种提高锅炉水质的方法。

①采用氢钠离子交换器并联水处理方式代替单纯钠型软化处理方式，降低给水碱度和含盐量。该方法行之有效，但工艺管理复杂，设备投资大，运行费用高，不适用于蒸发量低于 10℃ / h 的蒸汽锅炉。

②在单纯钠型软化前，增设石灰预处理装置实现软化、降碱和部分除盐。对于无法回收利用蒸汽冷凝回水的锅炉房，可在钠离子交换器前增设石灰预处理装置，这也是一种降低锅水碱度和含盐量，从而减小锅炉排污率的一种行之有效的方法。与氢钠离子并联水处理方法相比，该方法工艺简单，设备投资改造规模小，运行费用低，很适合中小型锅炉房采用。

③增大锅炉冷凝回水的回收利用率。

(2) 各排污点主次分明，采用合理正确的排污操作方法。根据锅炉结构特点及历次检查内部结垢积渣情况，确定锅筒和各集箱的排污量与排污次数。水处理化验员与司炉工要密切配合，准确及时化验，选择好排污时机，采用合理正确的排污操作方法，方能取得较好的排污效果。锅炉排污质量取决于排污率的大小和排污的方式，而且还要按照排污的要求进行，才能保证排出水量，排污效果好。对排污的主要要求是：

①勤排。就是说排污次数要多一些，特别用底部排污排出泥垢时，短时间的多次排污，要比长时间的一次排污及排泥效果好得多。加强对锅水的检测，坚持 1h 取样化验一次的原则。

②少排。只要做到勤排，必然会做到少排，即每次排污量要少。这样既可以保证不影响供暖，又会使锅水质量始终控制在标准范围内，而不会产生极大的波动。这对锅炉维护是十分有利的。

③均衡排。就是说要使每次排污的时间间隔大体相同，使锅炉水质经常保持在均衡状态下。

④在锅炉低负荷下排污。此时因为水循环速度低，水渣容易下沉，定期排除效果好。

(3) 采用自动控制排污节能装置。用人工排污只能凭感觉控制排污量大小，对于连续排污可采用锅炉自动排污系统装置。跟踪测试电导率，全面控制锅水浓度，反映锅水含盐量，使锅水浓度控制在给定浓度5%的误差范围内，不但可防止锅炉含盐量高而引发的锅炉受热面事故，而且还可避免排污过量，降低排污率。

(二) 锅炉排污系统

锅炉排污系统包括连续排污、定期排污的管道及其设备等。为了回收利用连续排污水的热量，常规的方法是加装一个连续排污扩容器 (或称膨胀器)。排污水进入扩容器后，进行扩容减压，一部分排污水迅速变为蒸汽，余下的排污水成为压力接近大气压力的饱和热水 (表压0.02MPa下温度为104℃)。将这部分低压蒸汽送至热力除氧器，供除氧用；对饱和热水，正规的设计要配套水—水换热器，用来加热软化水，以将104℃的热水冷却到40～50℃后再排入地沟。

国家排放标准明确规定污水排放温度不得高于40℃，锅炉排污水具有很高的温度，在排入城市排水管网前应采取降温措施，使温度降到40℃以下。一般在室外设排污降温池，用冷水混合冷却。当降温池设于室内时，降温池应密闭，并设有人孔和通向室外的排气管。当有连续排污时，降温池容积应保证冷热水充分混合。

对于定期排污的小型锅炉房，一般是将降温过程中产生的二次蒸汽导出池外，而只对温度为100℃的水进行降温处理。锅炉的定期排污管上，一般设置快速排污阀和截止阀串联使用，在靠近排污口处设置截止阀，其后串联快速排污阀，以保护快速排污阀。

一般每台锅炉必须单独设置定期排污管，排污水经室外降温池冷却后排入下水道。当几台锅炉合用排污总管时，在每台锅炉接至排污总管的干管上，必须装设切断阀，在该阀前宜装设止回阀。锅炉的排污阀及其管道不应采用螺纹连接；排污管道应减少弯头，保证排污通畅。

三、锅炉排污水热量回收与利用系统

将排污水中的热量最大限度地回收利用，对整个排污系统进行节能改造需要全面考虑，综合各方面的因素，采用可靠的技术手段和合理的设备结构，以满足其对安全经济运行的要求。

(一) 闪蒸罐与闪蒸蒸汽回收

回收锅炉排污中的热量，最直接的办法是用排污水直接加热锅炉冷补给水。由于锅炉排污时排放的是锅炉运行压力下的高温饱和水，含有高浓度的各种溶解固形物，不能直接用于锅炉给水。最常用的方法是首先使高温高压的锅炉排污水进入一个闪蒸罐（连续排污扩容器），在闪蒸罐内，排污水压力迅速下降，同时释放出闪蒸蒸汽。闪蒸蒸汽可直接通入锅炉给水箱或冷补给水箱，与软化水混合，提高锅炉给水温度；闪蒸蒸汽也可通入热力除氧器，以减少热力除氧器的蒸汽耗量；如果闪蒸压力较高，闪蒸蒸汽还可以进入蒸汽管网。

(二) 闪蒸后剩余排污水的热量回收和安全排放

锅炉排污水进入闪蒸罐降压闪蒸后，剩下大量闪蒸压力下的饱和水。这部分水在0.02MPa压力下的饱和温度，高达104℃。如果直接排放，不仅损失了大量宝贵的热能，而且污水在如此高的温度下排放也会对环境产生热污染，甚至损坏污水管道。因此应继续回收闪蒸后剩余排污水中的热量，将其温度降至40℃以下后再安全排放。

闪蒸后污水温度高，可将其通过换热器加热锅炉给水或加热化学水处理车间送来的软化水，同时使排污水温度降至40℃以下达标排放；也可将高压闪蒸罐底的剩余污水引至工艺装置的伴热系统，然后视热交换后排污水的出水温度情况，将排污水送至供暖系统，或者排入地沟。

(三) 排污水作为供暖系统补水

锅炉排污水经连续扩容器回收蒸汽后余下约70%的排污水，可用于热水供暖系统的补水，锅炉排污水还可用作其他蒸发设备的给水。

蒸汽锅炉碱性排污水的pH值一般在10～12，硬度小于0.01mol／L，溶解度低于0.05mg／L，用于热水锅炉可具有防垢防腐的双重功效，不会对供暖系统构成危害，其性能优于目前采用任何一种水处理形式的热水锅炉给水。采用这种方法省去了热水锅炉房的专职软化工、水处理设备和大量的盐耗、水耗及树脂补充消耗等。高温的碱性排污水进入供暖系统，实现了排污水热量的完全回收。

一般将锅炉排污水用于供暖系统主要有以下几种形式：

（1）对于原来是闭式强制循环的供暖系统，可在供暖循环管路上加上一套表面式水—水换热器。

（2）一般锅炉的排污水量要远远小于供暖系统的循环水量，锅炉排污水的水质比供暖热网水质好得多，可直接回收。但是如利用混合加热方式直接引入供暖热网系统，需要在排污水管路上加装止回阀，防止当锅炉停炉检修或汽压较低时供暖循环水进入锅炉，给锅炉的安全运行造成危害；在供暖循环水管路上需要加装安全阀，防止供暖循环水压出现高压时给供暖用户造成伤害；同时应设置水处理装置，防止循环水结垢。对于带有供暖系统的供暖蒸汽锅炉，也可将连排水管（一般多为 DN20 或 DN25）直接插入供暖系统的主管路中（送水管或回水管），或利用排污水通至暖气片中，代替蒸汽或热水取暖，尤其在锅炉房及附近车间或工作场所，采用排污水取暖更为方便。

（3）将锅炉的排污水引至蓄热池内的沉淀池，此蓄热池作为取暖系统的低位水箱，排污多余的水通过浴池使用后排放出去。值得注意的是，此时供暖系统回水是自流回水，在整个管路系统中，有的循环回路比较近，回水较快；有的管路复杂，管线长、阻力大，因此需要调节回水阀门，从总体上使回水达到平衡。

（四）排污水作低温热源驱动空调 / 热泵

在一些特殊场合，可以利用排污水做热泵的热源或者空调的驱动热源，从而使本来难以回收的低温余热得到重新利用。该技术目前还需要进一步加强研究，争取早日实现工业应用。

双效固体吸附制冷机的热力系数已达 1.2 左右，在单机制冷量 1000kW 以下的中小型制冷场合具有较高性价比，可用工业余（废）热和太阳能驱动，是一种理想的节能与绿色环保技术。技术经济比较表明，采用固体吸附式空调 / 热泵进行电站锅炉排污热回收节能改造是可行的。

与其他锅炉排污热利用方式相比，该系统具有以下突出特点：

（1）采用新型固体吸附式制冷技术，结构简单、可靠性高、初投资低、耗电少、无污染，具有良好的节能与环保效益。

（2）可适应扩容器闪蒸蒸汽压、液位和负荷大幅度变化，控制方便，安全可靠。

（3）直接将排污热转化为空调用冷，可节省大量空调用电。无空调负荷期改做热泵运行，直接对电厂热力系统供暖，可显著提高机组热经济性。

（4）尽管固体吸附式制冷系数略低于吸收式，但制冷回热量全部回收到电厂热力系统，并无热量浪费。并且设备投资、维护费用和耗电远低于吸收式。

四、排烟余热的回收利用

天然气供暖锅炉排烟温度较高，可以通过加装冷凝式换热器回收烟气潜热，降低排烟温度，提高锅炉效率。在国外，将回收了烟气中水蒸气汽化（潜）热的锅炉称为冷凝式锅炉。

排烟余热利用的方法有多种，按其利用方式的不同，可将其分为系统内利用和系统外利用。系统内利用如余热用于加热天然气锅炉供暖系统内工质（如加热系统回水）。系统外利用如余热用于加热供暖系统外工质（如加热生活热水、加热供暖系统回水、低温热水地板辐射供暖等）。系统外利用随使用情况变化较大，如生活热水在不同的场合使用情况差别很大；而系统内利用不随系统外情况的变化而变化。

第六节　蓄热技术及其应用

在现有的能源结构中，热能是最重要的能源之一。但是大多数能源，如太阳能、风能、地热能和工业余热废热等，都存在间断性和不稳定的特点，在许多情况下，人们还不能合理地利用能源。例如，在不需要热时，却有大量的热量产生；而在急需时又不能及时提供；有时供应的热量有很大一部分作为余热被损失掉等。我们是否可以找到一种方法，像水池储水一样把暂时不用的热量储存起来，而在需要时再把它释放出来？回答是肯定的。我们采用适当的蓄热方式，利用特定的装置，将暂时不用或多余的热能通过一定的蓄热材料储存起来，需要时再利用的方法称为蓄热技术。

一、蓄热技术

常见的蓄热方式主要有三种，即显热蓄热、潜热蓄热和化学反应蓄热。

（一）显热蓄热

显热蓄热就是当对蓄热介质加热时，其温度升高，内能增加，从而将热能蓄存起来。显热式蓄热原理非常简单，实际使用也最普遍。利用显热蓄热时，蓄热材料在储存和释放热能时，材料自身只是发生温度的变化，而不发生其他任何变化。这种蓄热方式简单、成本低。但在释放能量时，其温度发生连续变化，不能维持在一定的温度下释放所有能量，无法达到控制温度的目的，并且该类材料的储能密度低，从而使相应的装置体积庞大，因此它在工业上的应用价值不是很高。

常见的显热蓄热介质有水、水蒸气、砂石等。显热蓄热主要用来储存温度较低的热能。液态水和岩石等常被用作这种系统的储存物质。显热储存技术产生的温度较低，一般低于150℃，仅用于取暖。这也是由于它转换为机械能、电能或其他形式的能量效率不高，并受到热动力学基本定律的限制。

显热储存系统规模较小，比较分散，对环境产生的影响不大。大部分小型系统利用一个绝缘的热水箱，把它放在设备房或埋在地下。设计合理的系统应该与饮用水源完全分开，或者安装热虹吸管，防止储存系统和水倒流回饮用水源。这种预防措施是必要的。因为在储水中可能产生藻类、真菌和其他污染物。

为使蓄热器具有较高的容积蓄热密度，要求蓄热介质有高的比热容和密度。目前应用最多的蓄热介质是水及石块。水的比热容大约是石块的4.8倍，而石块的密度只是水的2.5 ~ 3.5倍，因此水的蓄热密度要比石块的大。石块的优点是不像水那样有漏损和腐蚀等问题。通常石块床都是和太阳能空气加热系统联合使用，石块床既是蓄热器又是换热器。当需要蓄存温度较高的热能时，以水作蓄热介质就不合适了，因为高压容器的费用很高。可视温度的高低，选用石块或无机氧化物等材料作为蓄热介质。

(二) 潜热蓄热

物质由固态转为液态，由液态转为气态，或由固态直接转为气态（升华）时，将吸收相变热，进行逆过程时，则将释放相变热，这是潜热式蓄热的基本原理。潜热储存是系统中的一种物质被加热，然后熔化、蒸发或者在一定的恒温条件下产生其他某种状态变化。这种材料不仅能量密度较高，而且所用装置简单、体积小、设计灵活、使用方便且易于管理。另外，它还有一个很大的优点，即这类材料在相变储能过程中处于近似恒温状态，可以此来控制体系的温度。利用固液相变潜热蓄热的蓄热介质常称为相变材料。潜热储存系统利用了高温相变的特性，当储存介质的温度达到熔点时，出现吸收物质熔化潜能的相变化。然而，当从储存系统吸收热能时，通过倒相，这股热可以释放出来。这一方法与显热蓄热系统相比，一个很大的优点是在必要的恒温下能够获取热能。另外能通量高、潜势大，也是潜热储存系统的潜在优点。

虽然液—气或固—气转化时伴随的相变潜热远大于固—液转化时的相变热，但液—气或固—气转化时容积的变化非常大，使其很难用于实际工程。目前有实际应用价值的，只是固—液相变式蓄热。与显热式蓄热相比，潜热式蓄热的最大优点是容积蓄热密度大。为蓄存相同的热量，潜热式蓄热设备所需的容积要比显热式蓄热设备小很多。

(三) 化学反应蓄热

化学反应蓄热是利用可逆化学反应的反应热来进行蓄能的。例如，正反应吸热，热被储存起来；逆反应放热，则热被释放出来。这种方式的储能密度较大，与潜热蓄热系统同样具有在必要的恒温下产生的优点。热化学储能系统的另一个优点是不需要绝缘的储能罐。但其反应装置复杂而又精密，必须由经过专门训练的人员进行仔细保养，技术复杂且使用不便。因此这种系统只适用于较大型的系统，目前仅在太阳能领域受到重视，离实际应用较远。

热化学蓄热方法大体分为三类：化学反应蓄热、浓度差蓄热及化学结构变化蓄热。

化学反应蓄热是指利用可逆化学反应的结合热储存热能。即利用化学反应将生产中暂时不用或无法直接利用的余热转变为化学能收集、储存起来，在需要时，可使反应逆向进行，即可将储存的能量释放出来，使化学能转变为热能而加以利用。

浓度差蓄热是利用酸碱盐溶液在浓度发生变化时会产生热量的原理来储存热量的。典型的是利用浓硫酸浓度差循环的太阳能集热系统，利用太阳能浓缩硫酸，加水稀释即可得到120～140℃的温度。浓度差蓄热多采用吸收式蓄热系统，也叫化学热泵技术。

化学结构变化蓄热是指利用物质化学结构的变化而吸热、放热的原理来蓄放热的蓄热方法。

实际上上述三种蓄热方式很难截然分开，例如，潜热型蓄热也会同时把一部分显热储存起来，而反应性蓄热材料则可能把显热或潜热储存起来。三种蓄热方式中以潜热蓄热方式最具有实际发展前途，也是目前应用最多和最重要的储能方式。

蓄热技术中关键技术是蓄热材料的性能研究。理想的蓄热材料应符合以下条件：

1. 热力学条件

合适的相变温度，因为相变温度正是所需要控制的特定温度，对显热储存材料要求材料的热容大，对潜热储存材料要求相变潜热大，对反应热要求反应的热效应大；材料的热导率高，要求材料无论是液态还是固态，都有较高的热导率，以使热量可以方便地存入和取出；性能稳定，可反复使用而不发生熔析和副反应；在冷、热状态或固、液状态下，材料的密度大，从而体积能量密度大，相变时体积变化小；体积膨胀率小，蒸汽压低，使之不易挥发损失。

2. 化学条件

腐蚀性小，与容器相容性好，无毒、不易燃、无偏析倾向，熔化、凝固时不分层；对潜热型材料，要求凝固时无过冷现象，熔化时温度变化小；稳定性好，在多组分时，各组分间的结合要牢固，不能发生离析、分解及其他变化；使用安全，不易燃、易爆或氧化变质；符合绿色化学要求，无毒、无腐蚀、无污染。

3. 经济性条件

成本低廉，制备方便，便宜易得。

在实际研制过程中，要找到满足所有这些条件的相变材料非常困难。因此，人们往往先考虑有合适的相变温度和较大的相变热的储热材料，而后再考虑其他各种因素的影响。

二、蒸汽蓄热器的工作原理与设计

（一）蒸汽蓄热器的工作原理

蒸汽蓄热器的工作原理是在压力容器中储存水，将蒸汽通入水中以加热水，即传输热能于水（蓄热器充热），使容器中水的温度、压力、水位均升高，形成具有一定压力的饱和水，然后在蓄热器放热时容器内压力、温度、水位均下降的条件下，饱和水成为过热水，立即沸腾而自蒸发，产生蒸汽。这是以水为载热体间接储蓄蒸汽的蓄热装置。容器中的水既是蒸汽和水进行热交换的传热介质，又是蓄存热能的载热体。蒸汽蓄热器是蓄积蒸汽热量的压力容器，它是将储存的能量由蒸汽携带进入供暖系统，其特点是容器内水的压力和温度都是变化的。常见的为卧式圆筒蓄热器，也有立式的。均可安装在室外，通常装在锅炉房附近。

（二）蒸汽蓄热器的主要热工特性

对于已定的蓄热器热力系统，蓄热器的工作压力在设定的范围内变化。这个工作压力的上限称为蓄热器的充热压力（p_1），即充热过程终止时的最高压力；这个工作压力的下限称为蓄热器的放热压力（p_2），即放热过程终止时的最低压力。

一定容积的蒸汽蓄热器，当充热时的蒸汽参数一定时，它的蓄热量和蒸汽发生量取决于充热压力和放热压力的压差大小和放热压力值的高低。

蓄热器的蓄热量是指蓄热器从充热压力降到放热压力状态时产生的蒸汽量或热量，单位为 kg（蒸汽）或 J（或 kJ）。

单位蓄热量（或比蓄热量）是蓄热器内 1m^3 热介质（水）从完全放热到完全充热两种状态之间所蓄存的蒸汽量或热量，单位为 kg／m^3 或 J（或 kJ）／m^3。

充热速率是指蒸汽（热）流入蓄热器的速率，常以 kg／h（或 t／h）计量。

放热速率是指蒸汽（热）流出蓄热器的速率，常以 kg／h（或 t／h）计量。

蓄热器的充水系数是指蓄热器在充热终了时容器内水体积占容器总容积的百分率。

（三）蓄热器的设计计算

蒸汽蓄热器的单位容积蓄热量 q 及蓄热器容积 V 是描述蓄热器蓄热能力（蒸汽

发生量）的两个重要参数。工程设计中，根据供暖系统的蒸汽产出情况，正确计算单位容积蓄热量和蓄热器体积是合理配置蒸汽蓄热器的关键。在一定的供暖系统中（充热压力、放热压力分别受到锅炉和蒸汽用户的限制），单位容积蓄热量 q 取决于充热压力和放热压力的压差。

（1）蓄热量的计算。蒸汽蓄热器的蓄热量和供汽锅炉的容量无匹配关系，必须根据锅炉的实际蒸发量、热用户负荷的波动情况和供暖系统进行分析和计算。按不同的使用蒸汽蓄热器的目的，采用不同的计算方法。

①积分曲线法。积分曲线法是根据热用户在某段时间内的波动负荷曲线，求出该阶段的平均负荷曲线，然后根据波动负荷曲线和平均负荷曲线之间的差值进行积分，得到该时期的积分曲线，此积分曲线上最高点和最低点之间的绝对值，即为该阶段所需的蓄热量。

②高峰负荷计算法。高峰负荷计算法是按用汽设备在用汽高峰或非连续的瞬间用汽时间内的耗汽量，减去该用汽时间内锅炉的供汽量，求得必需的蓄热量。

在采用蓄热器与锅炉并联的系统中，这种计算方法适用于以蒸汽蓄热器主要作为保存大量蒸汽供短时间内使用的场合。它基本上无平衡负荷的作用，因为相对于瞬时的巨大用汽量，有时锅炉的容量可以说很小，因此对这类负荷蓄热器的蓄热量主要取决于高峰用汽量，所需的蓄热量 G［kg（汽）］为：

$$G=\left(Q_{max}-Q_0\right)\frac{t}{60} \tag{4-7}$$

式中：Q_{max}——用汽设备的最大耗汽量（kg / h）；

Q_0——锅炉产汽量实测值（kg / h）；

t——充热时间（min）。

③充热强度计算法。当蒸汽蓄热器用于把间断供汽的热源转变为连续供汽的热源，或要求在一定时间内蓄存多余的汽轮机排汽时，蓄热器的蓄热量 G［kg（汽）］主要取决于充热蒸汽的流量，其计算式为：

$$G=Q_1\frac{t}{60} \tag{4-8}$$

式中：Q_1——间断汽源的平均产汽量（kg / h）；

t——充热时间（min）。

必须根据具体情况，灵活应用上述几种计算方法。

（2）蒸汽蓄热器的容积计算。求得需要的蓄热量后，就可以计算蒸汽蓄热器的容积。

首先按照已设定的蓄热器充热压力和放热压力，查阅线图或计算求取单位饱和水蓄热量。蓄热器的容积按式 (4-9) 计算：

$$V=\frac{G}{g_0\varphi} \tag{4-9}$$

式中：V——蒸汽蓄热器的容积 (m^3)；

G——需要蓄热量 [kg (汽)]；

g_0——和水比蓄热量 [kg (汽) / m^3]；

φ——充水系数，一般在 0.75 ~ 0.95 间选取。

求得蓄热器容积后，可查照蓄热器的标准系列产品确定规格型号，或进行非标准产品设计。

一般钢制蓄热器的单台容积在通常制造条件下不宜大于 150m^3。当需要的容积很大时，可采用多台小的蓄热器组合而成。虽从热损失等方面来看大容量的蓄热器较有利，但超过一定容积限度的大型压力容器，往往由于其制造工艺 (如焊缝的热处理等) 和需要的工艺设备以及高强度钢材的价格等因素而使它的制造费用急剧上升，所以应具体问题具体分析。

三、蒸汽蓄热器的应用

在工业生产和日常生活的各个领域有很多设备需要用蒸汽，这些蒸汽大都是由锅炉提供的。而用汽的工艺设备对蒸汽的需求往往是不均衡的，有的波动很大，因此使供汽的锅炉负荷也随之波动。这不仅造成锅炉燃烧不稳定和运行热效率下降，而且使司炉工的劳动强度加大。采用蒸汽蓄热器可以完全改变这种状况，它不仅可以成倍或数倍提高现有供汽系统瞬间供汽能力，而且还可保持供汽系统压力稳定在既定的工作范围内。它既是供汽系统的能量储存与放大器，又是供汽系统压力的稳定器，尤其是对间断供汽用户和对蒸汽供汽负荷波动过大的用户具有特殊的适应性。

蒸汽蓄热器主要应用于下列四种场合：

(一) 热负荷波动大而频繁的供暖系统

主要目的是稳定供汽锅炉的供汽压力，从而提高蒸汽品质和锅炉热效率。这种情况主要出现在部分工业企业中。由于工艺用热的特点，热负荷有剧烈而又频繁的变化，如无蓄热装置，则蓄热量有限的供暖锅炉必须跟踪波动的热负荷而变动其蒸发量，由此导致锅炉燃烧不稳定，热效率下降。安装使用蒸汽蓄热器后，就可储存热负荷低谷时锅炉多余的蒸发量，以补给高峰负荷出现时锅炉蒸发量的不足，使锅炉能在稳定的工况下经济地运行，同时满足波动的热负荷需要，以达到节能的目的。

在卷烟生产企业中，各生产工序大多需要一定量的但压力不一的饱和蒸汽，如烟叶发酵、烟包回潮、润叶、烘丝、梗丝膨化、糖料间、制浆房及冷冻站与热交换站等，其中有些工序的生产设备不仅用汽量大，而且还是间断式地运行。如以某卷烟厂制丝线的真空回潮机为例，该设备在正常生产情况下，每台每小时的瞬时耗汽量近 5℃，运行周期为 0.5h 左右，这样的运行状态就必然会造成蒸汽供应的峰、谷现象，而峰、谷值的产生也就必然导致蒸汽供应的波动。如果其他工序用汽设备也与此同时做不规则启、停，则蒸汽供应的波动将更大。这种严重的负荷波动，对生产运行和生产管理都将产生许多不良影响。首先，无法保证生产的正常进行。其次，造成锅炉运行工况的不稳定，引起蒸汽压力瞬时骤然下降和骤然上升。这不仅影响蒸汽品质，也直接影响了卷烟产品的质量。再次，运行工况的不稳定，使得锅炉燃烧系统中空气与燃料的平衡无法迅速调节。这对已采用了微机控制的锅炉来说，其功能就难以充分发挥，所以也就无法达到运用微机控制的最佳经济运行效果。最后，运行工况的不稳定，导致了锅炉的热效率下降，增大了司炉工的劳动强度和设备的维修量，有时还会危及锅炉的安全运行。

采用蒸汽蓄热器不仅能解决企业高峰用汽，均衡负荷，还提高了蒸汽供应的质量，从而保证了工艺设备的正常运行，而且对企业的设备运行管理和生产效率的提高都具有直接的作用。实践证明，采用蒸汽蓄热器，不仅能解决卷烟生产企业蒸汽供需矛盾，而且其直接经济效益和间接经济效益都十分可观。

（二）瞬时热能耗量极大的供暖系统

对于瞬时耗汽量极大的供暖系统，可以采用容量小的锅炉配以足够容量的蒸汽蓄热器，就可节省初次投资，保证供汽。例如，在使用多级蒸汽喷射泵、蒸汽弹射器或其他试验设备的场合，在其供暖系统中，可采用容量不太大的锅炉，配置蓄热量极大的蒸汽蓄热器，从而满足瞬时极大的用汽量。

在啤酒行业中，主要用蒸汽的设备有酿造车间糖化系统的煮沸锅、糊化锅、糖化锅、热水箱和包装车间的洗瓶机、杀菌机等。糖化用汽负荷波动较大；当煮沸锅用汽时，需较大的蒸汽量，煮沸完成后，蒸汽量减少；包装线用汽负荷较稳定。如某啤酒有限公司，有 2 台型号为 DZD20 ~ 25 的锅炉，年啤酒产量 131000t，吨啤酒耗原煤 278kg。当两个煮沸锅用汽时，锅炉就满负荷运行，两台 20℃ / h 锅炉同时运行；当煮沸锅不用汽时，就用一台锅炉低负荷运行。锅炉运行负荷波动频繁，运行压力低，工况不好，故障较多且浪费燃料。为了改变这种情况，第二年安装了一台 133m^3 的蒸汽蓄热器，啤酒产量 158000t，仅用一台 20℃ / h 锅炉稳定运行，就满足了生产需要。吨啤酒耗原煤 210kg，比上一年下降 68kg，节省原煤 10470kg。第三年该公司通过填平补齐增加 30000t 啤酒，又安装一台 120m^3 的蒸汽蓄热器，还是用

1 台 20℃ / h 锅炉为生产供汽，吨啤酒耗原煤 180kg，比上一年又下降 30kg，节省原煤 5430kg。

(三) 热源间断地供暖或供热量波动大的供暖系统

在汽源供汽不连续或流量波动大的供暖系统，安装蒸汽蓄热器后可以实现连续供汽。这种情况主要出现在诸如转炉炼钢系统中的汽化冷却装置（余热锅炉）的供汽。由于转炉生产中余热随炼钢工艺过程间歇地发生，所以也间歇地产生蒸汽，此汽源如并入热网，将使热网供汽压力不稳定，如流入蒸汽蓄热器后再供入热网，就使间断的汽源转变为连续供汽的汽源。在太阳能发电站中，考虑到白天可能发生阴雨或云层蔽天后阳光热源中断，不能产生蒸汽，但为使汽轮发电机组在此时继续发电，须备有蒸汽蓄热器蓄存定量的蒸汽在此时继续供汽给汽轮发电机组维持发电。

(四) 需要蓄存热能供随时需用的场合

蒸汽蓄热器作为一种热力设备，它可以随时把暂时用不完的多余蒸汽储存起来，当热用户遇到正常供汽中断时，可供紧急用汽。这种情况是蓄热器可在任何时候在它的容量限度内蓄存暂时多余的热能，而在热用户需要时随时供出。如在火力发电厂中，在发电机组遇到事故时须立即紧急启动备用的汽轮发电机组，但即使是快速启动的锅炉，从紧急启动达到满负荷供汽也需 15min。如装用蒸汽蓄热器蓄存备用的定量蒸汽后，即可在此时先紧急供汽给汽轮发电机组运行，直到紧急启动的锅炉能供汽。又如在医院、宾馆等单位，在深夜用汽量很少，如装用蒸汽蓄热器后，就可将白天多余的蒸汽蓄存后供夜间使用，这样也可以减少锅炉满员值班运行时间。

第七节　低温热水地板辐射供暖技术

低温热水地板辐射供暖是指将加热管埋设在地板构造层内，以不高于 60℃的热水为热媒流过加热管加热地板，通过地面以辐射换热和对流换热方式向室内供给热量的供暖方式。近几年低温热水地板辐射供暖技术快速发展，也是目前较为先进的建筑供暖节能新技术。该系统不仅能够满足于分户计量的需求，而且干净卫生，其节能效果也十分显著，尤其适合民用建筑与公共建筑中安装散热器会影响建筑物协调和美观的场合。

一、辐射供暖与建筑节能

辐射供暖是指提升围护结构内表面中一个或多个表面的温度，形成热辐射面，依靠辐射面与人体、家具及围护结构其余表面的辐射热交换进行供暖的技术方法。辐射面可以通过在围护结构中埋入（设置）热媒管路（通道）来实现，也可以在顶棚或墙外表面加设辐射板来实现。由于辐射面及围护结构和家具表面温度的升高，导致它们与空气间的对流换热加强，使房间空气温度同时上升，进一步加强了供暖效果。在这种技术方法中，一般来说，辐射换热量占总热交换量的50%以上。

通常辐射面温度高于150℃时，称为高温辐射供暖；辐射面温度低于150℃时，为中、低温辐射供暖。水媒地板供暖、电热地板供暖等供暖方式，由于辐射面温度一般控制在30℃以下，都属于低温辐射供暖。辐射供暖系统又按不同工作媒质或不同辐射面位置，分别命名为水媒辐射供暖、电热辐射供暖、顶板辐射供暖、地板辐射供暖等。由于其安全、经济、方便、热容量大等优点，以水作为热媒的应用最为普遍。一般认为地板供暖舒适性高，对流传热强，所以，水媒辐射供暖中，被使用得最多的是低温地板辐射供暖系统，如在北美、欧洲、韩国等，已有近40年历史。随着建筑保温程度的提高和管材的发展，低温地板辐射供暖系统的使用日益普遍。

低温地板辐射供暖在节能方面具有其他供暖方式无法比拟的优点：

（1）在同样舒适度条件下，室内温度比其他供暖方式可减少2℃，总节能幅度达10%～20%，而热效率提高了20%～30%。

（2）散热器置于窗下，靠近散热器的部分外墙温度较高，无形中多损失了部分热量，而低温地板辐射供暖无此弱点。

（3）采用35～45℃的低温热水供暖，在热源的热媒制备阶段就已经降低了能耗。热媒传输过程中，沿途散热损失小。

（4）易于安装自动调节设施（如温控阀），可实现行为节能。

如上所述，辐射供暖能耗低，适用于分户供暖，有利于集中供暖系统使用中的热能分户计量。因此从某种意义上说，辐射供暖是建筑节能的又一次机会和又一条途径。

二、低温热水地板辐射供暖

由于水具有安全、经济、方便、热容量大等优点，所以在辐射供暖中以水作为热媒的应用最为普遍。由于冬季地面温度适当提高可增加舒适性，有利于人体健康，热辐射面在下方可加大对流传热等原因，水媒辐射供暖主要采用地板供暖的形式。特别是辐射面仅用于冬季供暖时，地板供暖应是最适宜的，所以目前使用最多的是低温热水地板辐射供暖系统。

地板供暖在欧洲和北美已有多年的使用和发展历史。20世纪70年代中后期，随着围护结构保温程度的不断改善，加之工程塑料水管的应用，大大加快了地板供暖的发展和应用步伐。

在我国，20世纪50年代也已有工程应用，但当时由于材料限制，供暖埋管只能选用钢管或铜管。但金属管成本高，接口多，工艺复杂，加之易渗漏和产生电化学腐蚀，可靠性差，寿命短，又由于金属的膨胀系数大，易引起地面龟裂，大大影响了地板供暖的推广。直至高分子塑料管材的出现，这一情况才得到根本改变。

目前，该项技术在我国北方广大地区推广很快，在北京、天津、沈阳、西安、长春、乌鲁木齐等地大都采用低温热水地板辐射供暖系统。地板供暖之所以能蓬勃发展，除了目前客观条件有利外，还与这种供暖方式本身的特点有关。低温热水地板供暖除了具有前述节能的独特优势之外，其他方面也具有其他供暖方式无法比拟的优点。

(一) 舒适性

(1) 室内温度垂直分布均匀，距地面0.05～0.15m高度的温度比对流供暖方式高8～10℃。由于有辐射和对流的双重效应，热量自下而上均匀分布，形成符合人体生理热要求的热环境。室内热量分配均衡，特别适合展览馆、礼堂、影剧院等大空间建筑热量分配不均的场合。

(2) 空气对流减弱，不会造成尘埃飞扬和细菌传播，消除了散热设备和管道表面积尘及挥发异味的现象，使室内空气品质明显改善。

(3) 由于地板构造层热容量大，热稳定性好，提高了房间的热惰性。因此在间歇供暖的条件下，即使门、窗经常开启，室内温度变化也很缓慢，能较好地保持室温的均衡。加之辐射的作用，提高了围护结构的内表面温度，减少了对人体的冷辐射。

(4) 由于地板板体内设有保温层，上下楼层不供暖时，对中间楼层的影响微乎其微，客观上减少了楼板冲击噪声向下方的传递，隔声效果好。

(二) 环保

(1) 可以因地制宜地利用各种新兴能源及余热、废热，热源选择余地宽阔，适应性强。如利用地热、工业余热、供暖管网回水、太阳能热水等。

(2) 有利于推广使用塑料管材，节省了大量钢材。

(三) 管理与控制

(1) 因为设有地面保温层，减少了户间热量传递，便于实现国家节能标准提出的“按户计量，分室调温”的要求。将供回水干管及入户分支阀门设于管道井内或楼梯间中，便于集中管理，并可根据个别房间或区间使用条件的变化，调节各支环路调节阀的开度。有利于实现智能化、数字化管理，有利于解决收费困难的问题。

(2) 末端阻力大，不易发生水力失调。

(3) 使用寿命长，维修和运行费用低。采用塑料管埋入地面混凝土中的施工方式，因无接头，故不渗漏，也不腐蚀、不结垢。塑料管材具有良好的抗老化性能，一般使用寿命都在 50 年以上。

(4) 短时间停电、停暖影响不大，给物业管理带来方便。

(四) 与建筑物的协调性

(1) 室内不设明管和散热器，增加了使用面积。有利于家具布置，便于建筑装修。同时由于管路隐蔽，不致影响房间美观。

(2) 可适应开有矮窗或落地窗的住宅，尤其适用于大跨度或大空间建筑物的供暖要求，适用范围广泛。

(五) 经济性

可节省出使用面积 3% ~ 5%，并且免去了装修暖气片时的费用。

早期的地板供暖主要用于居住建筑，近年来，除了在居住建筑中得到大量使用之外，应用范围也在不断扩大。地板供暖可有效地解决大跨度、高空间和矮窗式建筑物的供暖需求，因而在宾馆大厅、展览馆、影剧场、现代商场、医院、实验室、机房、游泳馆、体育馆、厂房、畜牧场、育苗室等场所得到了应用。此外，地板供暖还可用于室外车站、停车场、桥梁和道路地面、户外运动场、竞技场地面的加热化雪及加热花木种植地、草地等。

三、管路系统构造与形式

一个完整的地板供暖系统包括热源、供暖管路系统、分水器、集水器、水泵、补水 / 定压装置及阀门、温度计、压力表等。任何一种安装在地面上的辐射供暖系统通常要包括发热体、保温 (防潮) 层、填料层等部分。地板供暖目前常用的发热体是水管，在水管中通入 30 ~ 60℃的热水，依靠热水的热量向室内供暖。为了使热量向上传，一般在水管底部铺设保温 (防潮) 层。特别在建筑物的底层，向下的热量是纯粹的热损失，所以应尽可能地减少。在楼层地面，有些学者提出可以不设绝热层，因为向下的热量对下层的房间有供暖作用。在辐射传热占主要份额的情况下，这种主张是有理论根据的。不设绝热层时，又可以减小建筑层高，降低地暖成本，减少施工工序；不设保温层时，在施工工艺方面甚至可以有大的改变，即将水管现浇在水泥砂浆中。不过这样做时，要注意建筑冷桥，在墙体不做绝热保温的情况下，会造成通过楼板和墙体向外的热损失（管下设保温层时，施工中可以在垫层四周铺设保温层，隔绝经墙体向室外的热传导）。此外，辐射供暖双向传热时的基础研究和设计参考资料尚不足，也给实际应用带来困难。

绝热材料尽量选用密度小、量轻，有一定承载力，热阻高，吸湿率低，难燃或不燃，不腐不朽的高效保温材料。热阻大可以减小使用厚度从而减小建筑层高，质轻可以降低地面承重荷载。但绝热材料又必须有一定的强度，能够承受填充层的压力而不致有大的变形，更不能有破裂。

目前常用的保温材料中有水分存在时，毛细孔内的水分增强了传热而降低了保温作用。防潮层的主要作用是防止出现上述情况。防潮层可用各种塑料薄膜。目前很多企业引进国外技术，使用铝箔做防潮层。所谓铝箔，一般是真空镀铝的聚酯膜或玻璃布基铝箔面层。由于铝箔强度高，还可起到加强保温层及辅助卡钉固定作用的功效。防潮层表面印出尺寸，便于铺管时参照。但目前施工工艺中利用卡钉来固定管路，往往将铝箔穿得千疮百孔，破坏了防潮作用，这要通过改进安装工艺来解决。

此外，在铺设保温层之前，一定要注意保温层基面保持干燥。在绝热层底部做防潮，其本意是隔绝来自绝热层下方的潮气，但也隔绝了保温层水汽的排出。所以除了在底层潮湿土壤上做防潮层外，一般不设底部防潮层。当保温层使用加气混凝土等材料时，则无须铺设防潮层。由于密度大，热阻偏低，目前加气混凝土等很少用作地板供暖的绝热层。

填料层或垫层的主要作用是保护水管，同时起到传热与蓄热作用，使得地面形成温度较为均匀的辐射加热面。从这个意义上来讲，水管和填料层构成了一个浑然一体的加热体。要起到保护水管的作用，就要求填料层有一定强度和刚度，并且尽可能传热、蓄热性能好，当然也要价廉、易施工。在地板供暖发展过程中，曾经用过砂子、沥青等填料，目前一般使用水泥砂浆或碎（卵）石混凝土。

使用混凝土做填料时，上面压光之后可以做地面，或在上面直接铺设地板革、塑料地毯，也可以再做实木地板、复合木地板或铺各种材质的面砖等。但一般不使用热阻很大的纯毛地毯，以免影响地暖效果。

加热管采取不同布置形式时，导致的地面温度分布是不同的。布管时，应本着保证地面温度均匀的原则进行，宜将高温管段优先布置于外窗、外墙侧，使室内温度尽可能均匀。

由于供暖系统一般有多个环路，所以要设分水器、集水器。它是连接热源和分支环路水管的集管。分水器将来自热源的供水按需要分为多路，集水器将多路回水集中，便于输送回热源再加热。分水器、集水器上设有阀门，可以调节和开关不同的水环路，是供暖系统的枢纽和中转站。为了防止锈蚀，分水器、集水器一般是铜质的。普通型的，配用手动阀；高档型的，可配用自控阀门及温度调节装置。

四、管路系统设计与选用

在进行管路系统设计选用时，首先要收集必要的技术资料：

(1) 标有详尽尺寸的建筑总平面图。

(2) 经细致计算得到房间热负荷。

(3) 房间地面情况、特性。

(4) 占地面积较大的固定设施（澡盆、便器、水斗等）。

(5) 热水参数和使用情况，包括热源、供水温度、水量、可用时间表。

在计算地面辐射供暖房间热负荷时，应按《民用建筑供暖通风与空气调节设计规范》的有关规定进行计算。由于辐射供暖室内作用温度与常规供暖系统有差别，而作用温度受到建筑围护结构热阻、地面温度、室外气候情况、室内空气流速等多个因素影响，实际计算较复杂，根据国内外资料和国内一些工程的实例，低温热水地面辐射供暖用于全面供暖时，在相同热舒适条件下的室内温度可比对流供暖时的室内温度低 2～3℃。故《辐射供暖供冷技术规程》规定地面辐射供暖的耗热量计算时，室内计算温度的取值可比对流供暖系统低 2℃。

完成上述工作后，按地板供暖供热量，即地面最大辐射与对流热量等于房间热负荷的原则设计管路系统。单位地面面积的散热量应按下列公式计算：

$$
\begin{aligned}
q &= q_{\mathrm{f}} + q_{\mathrm{d}} \\
q_{\mathrm{f}} &= 5\times10^{8}\left[\left(t_{\mathrm{pi}}+273\right)^{4}-\left(t_{\mathrm{fj}}+273\right)^{4}\right] \qquad (4\text{-}10) \\
q_{\mathrm{d}} &= 2.13\left(t_{\mathrm{pj}}-t_{\mathrm{n}}\right)^{1.31}
\end{aligned}
$$

式中：q——单位地面面积的散热量（W / m²）；

q_{f}——单位地面面积辐射传热量（W / m²）；

q_{d}——单位地面面积对流传热量（W / m²）；

t_{pj}——地表面平均温度（℃）；

t_{fj}——室内非加热表面的面积加权平均温度（℃）；

t_{n}——室内计算温度（℃）。

单位地面面积的散热量和向下传热损失，均应通过计算确定。当加热管为 PE－X 管或 PB 管时，单位地面面积散热量及向下传热损失，可按《辐射供暖供冷技术规程》附录 B 确定。

水媒地板辐射供暖水温一般不超过 60℃。其原因主要有三条：第一，由于辐射面积较大，水温不用太高，即可达到室温设计要求；第二，出于人体舒适性要求，地面温度不能太高；第三，塑料管材在过高的水温下，寿命将大大缩短。研究和使用经验证明，根据建筑保温程度和人的要求不同，地面温度一般控制在 24 ~ 30℃。温度过低时达不到供暖要求，温度过高时则影响舒适性，造成不必要的能源浪费。近年来，国家对建筑节能要求不断提高，围护结构保温程度越来越好，这使得实际使用水温不断降低。在常用的管径、管间距前提下，实际所需进水温度往往低于 50℃，室外温度不太低时，30 ~ 40℃进水已可起到明显的供暖作用。

每个环路加热管的进、出水口，应分别与分水器、集水器连接。分水器、集水器内径不应小于总供、回水管内径，且分水器、集水器最大断面流速不宜大于 0.8m / s。每个分水器、集水器分支环路不宜多于 8 路。连接在同一分水器、集水器上的同一管径的各环路，其加热管的长度宜接近，并不宜超过 120m。加热管内水流速度不宜小于 0.25m / s。加热管的敷设间距，应根据地面散热量、室内计算温度、平均水温及地面传热阻等通过计算后确定。也可按《辐射供暖供冷技术规程 B 附录》确定。但是，随着建筑外保温等技术的进步，按目前规范要求完成的设计，在运行中常出现房间过热现象。房间过热不仅使地板供暖的舒适性降低，而且也浪费了能源。研究结果表明，多数情况下大管间距能够满足房间负荷要求。室内设计温度低于等于 20℃、供回水平均温度高于等于 45℃且地面不能覆盖类似毛毯等热阻较大的材料时，可安全采用大管间距铺设。

五、控制与调节

水媒辐射供暖系统调节一般应满足以下 3 个条件：①调节应是对于整个地板面积而言，要保证水量恒定；②防止出水温度过高造成管内压力过高或管膨胀，并缩短管子的寿命；③调节条件稳定。

水媒地板供暖这类混凝土埋管式辐射板，由于热惰性大，对负荷变化的敏感性低，辐射面升（降）温过程长，因此其控制调节不应等同于传统供暖空调系统所用方式。传统空调供暖系统节能控制的方法，如夜间低设，用于重质辐射板则不一定节能，反而因温度下降后较长时间不能回升而降低室内舒适程度。正确的控制原则应该使失热量和供热量相当。

低温热水地面辐射供暖系统室内温度控制，可根据需要选取下列任一种方式：

①在加热管与分水器、集水器的结合处，分路设置调节性能好的阀门，通过手动调节来控制室内温度；②各个房间的加热管局部沿墙槽抬高至1.4m，在加热管上装置自力式恒温控制阀，控制室温保持恒定；③在加热管与分水器、集水器的结合处，分路设置远传型自力式或电动式恒温控制阀，通过各房间的温控器控制相应回路上的调节阀，控制室内温度保持恒定。调节阀也可内置于集水器中。采用电动控制阀时，房间温控器与分水器、集水器之间应预埋电线。

对于大型系统，为了节能，也可以采取室外空气温度再设控制这样的方法。根据室外空气温度计算出所需供水温度，再通过混水阀等执行机构实现。

六、塑料管材及绝热材料

(一) 塑料管材

地面辐射供暖系统中所用管材，应根据工作温度、工作压力、荷载、设计寿命、现场防水、防火等工程环境的要求，以及施工性能，经综合考虑和经济比较后确定。

塑料管材的基本荷载形式是内液压，而它的蠕变特性是与强度（管内壁承受的最大应力，即环应力）、时间（使用寿命）和工作温度密切相关的。在一定的工作温度下，随着要求强度的增大，管材的使用寿命将缩短。在一定强度要求下，随着管材工作温度的升高，管材的使用寿命也将缩短。所以，在设计低温热水地面辐射供暖系统时，热媒温度和系统工作压力不应定得过高。

所有根据国家现行管材标准生产的合格产品，都可以放心地用作加热管。目前常用的地板供暖管主要有以下几种：交联聚乙烯（PE–X）管、聚丁烯（PB）管、交联铝塑复合（XPAP）管、耐热聚乙烯（PE–RT）管、无规共聚聚丙烯（PP–R）管和嵌段共聚聚丙烯（PP–B）管等。

交联聚乙烯管是由聚乙烯（PE）、抗氧化剂、硅烷或过氧化物混合反应而成的聚合物。PE经交联后，保持了原有的绝大部分特性并进一步提高了硬度、强度、抗蠕变、抗老化性能，成为地板供暖理想的管材。目前地板供暖使用的PE–X管，多是化学方式交联的。其中采用过氧化物交联的，符号为PE–Xa；采用硅烷交联的，符号为PE–Xb。两者交联度不同，外观上显示透明度有差别，但用作地板供暖时都能满足要求。

铝塑复合管由内外两层塑料管与中间一层增强铝管组成的复合材料制成。例如，由内外两层PE材料与中间一层铝材复合制成的铝塑复合管，当其PE层经交联时，称为交联铝塑复合管。一般芯层PE都是经交联的，外层PE可以是交联的，也可以不经交联，都可用于热水输送，但以内外层交联的为优。一般铝塑管材都有氧渗透的问题。铝塑复合管由于中间层铝管的存在，使其防止氧渗透的能力比其他塑料管材为优。其他管材也可以在生产工艺中增加阻氧层，以满足防止氧渗透的要求。

聚丁烯管由聚丁烯塑料（PB）单体聚合而成，性能稳定，具有耐寒、耐热、耐压、耐老化等突出优点，是一种理想的地板供暖用管材。

无规共聚聚丙烯（PP–R）由聚丙烯（PP）经聚合处理而成，在不同程度上具有PE–X管和PB管的优异性能，也是一种良好的地板供暖管材。

以上所述的常用管材，不但都有完善的测试数据和质量控制标准，而且都已经过实践考验。设计选材时，应结合工程的具体情况确定。对许用设计环应力过小的管材，如嵌段共聚聚丙烯（PP–B）管，设计时应正确选择使用。同时随着人们环保意识的增强，在选择管材时，应重视管材是否能回收利用的问题，以防止对环境造成新的污染。

铜管也是一种适用于低温热水地面辐射供暖系统的加热管材，具有热导率高、阻氧性能好、易于弯曲且符合绿色环保要求等特点，正逐渐为人们所接受。

在集中供暖系统中，有时地暖系统会与使用散热器的供暖系统共用同一集中热源和同一水系统。由于传统供暖系统常用的钢制散热器等构件易腐蚀，因而对于水质有软化和除氧要求。而未经特殊处理的PB管、PE–X管和PP–R管都会有氧气渗入，会加快钢制设备器件的氧化腐蚀，此时宜选用铝塑复合管或有阻氧层的PB管、PE–X管和PP–R管。

（二）绝热材料

绝热材料应采用热导率小、难燃或不燃，具有足够承载能力的材料，且不宜含有殖菌源，不得有散发异味及可能危害健康的挥发物。

目前在水媒辐射供暖工程中使用最多的是聚苯乙烯泡沫塑料。聚苯乙烯泡沫塑料以合成树脂为原料，加入发泡剂，在反应过程中放出大量气体，在树脂的内部形成大量小气孔，从而制成泡沫塑料。泡沫塑料种类繁多，几乎每种合成树脂都可以制成相应品质的泡沫塑料，通常以所用树脂命名。目前建筑上应用较多的有聚苯乙烯泡沫塑料、聚氨酯泡沫塑料、聚氯乙烯泡沫塑料等。其中聚苯乙烯泡沫塑料因其价格相对较低、保温性能好，故被广泛应用。泡沫塑料根据软硬不同，有“硬质发泡体”“软质发泡体”和“半硬质发泡体”三种。发泡倍率在5倍以下的，通常称为低发泡泡沫塑料；5倍以上的为高发泡泡沫塑料。按照泡沫中气孔相互之间是否相通，又可分为开孔发泡塑料和闭孔发泡塑料两种，在暖通空调专业范围内，前者可用作消声吸声材料，后者常用作保温绝热材料。

聚苯乙烯泡沫塑料具有以下特性：

(1) 热阻大，保温性能好，密度在 20 ~ 50kg / m^3，平均导热系数仅为 0.044 W /（m · K）。

(2) 防潮性好，闭孔结构使其不易吸水。

(3) 质轻，容量可小到 20kg / m^3 以下。

(4) 施工方便，用电热丝或线锯切割，也便于与铝箔等材料制成复合材料。

(5) 适用于保温 −40 ~ +70℃的介质，适合于辐射供暖供冷的温度使用范围。

(6) 加阻燃剂后难燃，具有自熄性。

(7) 性能稳定，不腐蚀，密度较高时，有一定强度，外形尺寸稳定，适于在填充层内使用。地面辐射供暖工程中采用的聚苯乙烯泡沫塑料主要技术指标应符合《辐射供暖供冷技术规程》的规定。

当采用其他绝热材料时，其技术指标应按《辐射供暖供冷技术规程》的规定，选用同等效果绝热材料。当采用发泡水泥作保温材料时，保温厚度一般为 40 ~ 50mm。发泡水泥热导率约为 0.09W /（m · K）。该材料具有承载能力强、施工简便、机械化程度高的特点，适用于大面积地面供暖系统。

第八节　其他节能技术

供暖系统的节能除上述各项措施外，在供暖管网的水力平衡、管道保温、控制循环水泵的耗电输热比及散热设备等方面也采取相应措施。

一、热网的水力平衡

(一) 水力平衡的概念和作用

供暖管网的水力平衡用水力平衡度来表示。所谓水力平衡度，就是供暖管网运行时各管段的实际流量与设计流量的比值。该值越接近 1，说明供暖管网的水力平衡度越好，《居住建筑节能检测标准》规定：采暖系统室外管网热力入口处的水力平衡度应为 0.9 ~ 1.2。

为保证供暖管网的水力平衡度，首先在设计环节就应进行仔细的水力计算及平衡计算。然而，尽管设计者做了仔细的计算，但是供暖管网在实际运行时，由于管材、设备和施工等方面出现的差别，各管段及末端装置的水流量并不可能完全按设计要求输配，因此需要在供暖系统中采取一定的措施。

（二）管网水力平衡技术

为确保各环路实际运行的流量符合设计要求，在室外热网各环路及建筑物入口处的供暖供水管或回水管上应安装平衡阀或其他水力平衡元件，并进行水力平衡调试。

目前采用较多的是平衡阀及平衡阀调试时使用的专用智能仪表。实际上，平衡阀是一种定量化的可调节流通能力的孔板；专用智能仪表不仅用于显示流量，更重要的是配合调试方法，原则上只需要对每一环路上的平衡阀做一次性的调整，即可使全系统达到水力平衡。这种技术尤其适用于逐年扩建热网的系统平衡。因为只要在每年管网运行前对全部或部分平衡阀重做一次调整，即可使管网系统重新实现水力平衡。

（1）平衡阀的特性：平衡阀属于调节阀范畴，它的工作原理是通过改变阀芯与阀座的间隙（即开度）来改变流经阀门的流动阻力以达到调节流量的目的。从流体力学观点看，平衡阀相当于一个局部阻力可以改变的节流元件。平衡阀以改变阀芯的行程来改变阀门的阻力系数，而流量因平衡阀阻力系数的变化而变化，从而达到调节流量的目的。

平衡阀与普通阀门不同之处在于有开度指示、开度锁定装置及阀体上有两个测压小孔。在管网平衡调试时，用软管将被调试的平衡阀测压小孔与专用智能仪表连接，仪表能显示出流经阀门的流量及压降值，经仪表的人机对话向仪表输入该平衡阀处要求的流量值后，仪表经计算分析，可显示出管路系统达到水力平衡时该阀门的开度值。

（2）平衡阀安装位置：管网系统中所有需要保证设计流量的环路中都应安装平衡阀。每一环路中只需安装一个平衡阀（或安设于供水管路，或安设于回水管路），可代替环路中一个截止阀（或闸阀）。

热力站或集中锅炉房向若干热力站供热水，为使各热力站获得要求的水量，宜在各热力站的一次环路侧回水管上安装平衡阀。为保证各二次环路水量为设计流量，热力站的各二次环路侧也宜安设平衡阀。

小区供暖管网往往由一个锅炉房（或热力站）向若干栋建筑供暖，由总管、若干条干管及各干管上与建筑入口相连的支管组成。由于每栋建筑距热源远近不同，一般又无有效设备来消除近环路剩余压头，使得流量分配不符合设计要求，导致近端过热、远端过冷。建议在每条干管及每栋建筑入口处安装平衡阀，以保证小区中各干管及各栋建筑间流量的平衡。

（3）平衡阀选型原则：为了合理地选择平衡阀的型号，在系统设计时要进行管网水力计算及环路平衡计算，按管径选取平衡阀的口径（型号）。对于旧系统改造时，由于资料不全并为方便施工安装，可按管径尺寸配设同样口径的平衡阀，但应做压降校核计算，以避免原有管径过于富裕使流经平衡阀时产生的压降过小，引起调试时由于压降过小而造成较大的误差。

(4) 专用智能仪表：专用智能仪表是平衡阀的配套仪表。在专用智能仪表中已存储了全部型号平衡阀的流量、压降及阀门系数的特性资料，同时也存储了简易法及比例法两种平衡阀调试法的全部软件。仪表由两部分构成，即差压变送器和仪表主机。差压变送器选用体积小、精度高、反应快的半导体差压传感器，并配以连通阀和测压软管；仪表主机由微机芯片，A / D 变换器、电源、显示器等部分组成。差压变送器和仪表主机之间用连接导线连接。

二、热网的保温

供暖管网在热量从热源输送到各热用户系统的过程中，由于管道内热媒的温度高于环境温度，热量将不断地散失到周围环境中，从而形成供暖管网的散热损失。管道保温的主要目的是减少热媒在输送过程中的热损失，节约燃料，保证温度。热网运行经验表明，即使有良好的保温，热水管网的热损失仍占总输热量的 5% ~ 8%，蒸汽管网占 8% ~ 12%，而相应的保温结构费用占整个热网管道费用的 25% ~ 40%。

供暖管网的保温是减少供暖管网散热损失，提高供暖管网输送热效率的重要措施。然而增加保温厚度会带来初投资的增加，因此，如何确定保温厚度以达到最佳的效果，是供暖管网节能的重要内容。

(一) 保温厚度的确定

供暖管道保温厚度应按《设备及管道绝热设计导则》中的计算公式确定。《设备及管道绝热设计导则》明确规定:“为减少保温结构散热损失，保温材料厚度应按‘经济厚度’的方法计算。”所谓经济厚度，就是指在考虑管道保温结构的基建投资和管道散热损失的年运行费用两者因素后，折算得出在一定年限内其费用为最小值时的保温厚度。年总费用是保温结构年总投资与保温年运行费之和。保温层厚度增加时，年热损失费用减少，但保温结构的总投资分摊到每年的费用则相应地增加；反之，保温层减薄，年热损失费用增大，保温结构总投资分摊费用减少。年总费用最小时所对应的最佳保温厚度即为经济厚度。

在《严寒和寒冷地区居住建筑节能设计标准》中对供暖管道的保温厚度做了规定。推荐采用岩棉或矿棉管壳及聚氨酯硬质泡沫塑料保温管（直埋管）三种保温管壳，它们都有较好的保温性能。铺设在室外和管沟内的保温管均应切实做好防水防潮层，避免因受潮增加散热损失，并在设计时要考虑管道保温厚度随管网面积增大而增加厚度等情况。

(二) 供暖管网保温效率分析

供暖管网保温效率是输送过程中保温程度的指标，体现了保温结构的效果，理论上采用热导率小的保温材料和增加厚度都将提高供暖管网保温效率。但由于前面提到的经济原因，并不是一味地增加厚度就是最好的，应在年总费用的前提下考虑提高保温效率。

在相同保温结构时，供暖管网保温效率还与供暖管网的敷设方式有关。架空铺设方式由于管道直接暴露在大气中，保温管道的热损失较大、管网保温效率较低；而地下铺设，尤其是直埋铺设方式，保温管道的热损失小、管网保温效率高。经北京、天津、西安等地冬季供暖期多次实地检测，每千米保温管中介质温降不超过1℃，热损失仅为传统管材的25%。

管道经济保温厚度是从控制单位管长热损失角度而制定的，但在供热量一定的前提下，随着管道长度增加，管网总热损失也将增加。从合理利用能源和保证距热源最远点的供暖质量来说，除了应控制单位管长的热损失之外，还应控制管网输送时的总热损失，使输送效率提高到规定的水平。

三、热水循环水泵的耗电输热比

热水供暖系统的一、二次水泵的动力耗电十分可观，一些系统在设计时选用水泵型号偏大，运行时采用大流量小温差的不合理运行方式，造成用电量浪费。因此热水供暖系统的一、二次水泵的动力消耗应予以控制。一般情况下，耗电输热比，即设计条件下输送单位热量的耗电量 *EHR* 值不应大于按下式所得的计算值。

$$EHR=\frac{\varepsilon}{\sum Q}=\frac{\tau N}{24qA}\leqslant\frac{0.0056\left(14+\alpha\sum L\right)}{\Delta t} \tag{4-11}$$

式中：*EHR* ——设计条件下输送单位热量的耗电量，量纲一的量；

$\sum Q$ ——全日系统供热量；

ε ——全日理论水泵输送耗电量；

τ ——全日水泵运行时数，连续运行时 τ =24h;

N ——水泵铭牌功率；

q ——供暖设计热负荷指标；

A ——系统供暖面积；

Δt——设计供回水温差，对于一次网，Δt=45～50℃，对于二次网，Δt=25%;

$\sum L$ ——室外管网主干线（包括供回水管）总长度（m）;

α——当$\sum L \leqslant 500$m时，$\alpha=0.0115$；当$500\text{m} < \sum L < 1000$m时，$\alpha=0.0092$；当$\sum L \geqslant 1000$m时，$\alpha=0.0069$。

四、散热设备

(一) 散热器的节能

散热器是供暖系统末端散热设备。散热器的散热过程是能量平衡过程。对于散热器的节能，一些专家认为可以从加工过程的能耗、耗材、使用过程的有利散热、水容量、金属热强度等指标考虑。所谓金属热强度，是指散热器内热媒平均温度与室内空气温度差为1℃时，每千克散热器单位时间所散出的热量。

散热器的单位散热量、金属热强度和单位散热量的价格这三项指标，是评价和选择散热器的主要依据。特别是金属热强度指标，是衡量同一材质散热器节能性和经济性的重要标志。

(二) 散热器的选择

散热设备首先应选用国家有关部门推荐的节能产品，目前《建设部推广应用和限制禁止使用技术》的有关公告中推荐了轻质钢制、铝制、铜铝复合和铸铁无黏砂等几种类型散热器。

《住宅设计规范》《民用建筑供暖通风与空气调节设计规范》均对散热器选用做了规定。要求散热器与供暖管道同寿命；民用建筑宜采用外形美观、易于清扫的散热器；具有腐蚀性气体的工业建筑或相对湿度较大的房间，应采用耐腐蚀的散热器；安装热量表和恒温阀的热水供暖系统不宜采用水流通道内含有黏砂的铸铁等散热器，要求根据水质选用不同的散热器。采用钢制散热器时，应采用闭式系统等。

(三) 表面涂料的影响

表面涂料对散热器散热量影响很大。《供暖与空调》一书中就指出涂料层对散热量的影响。我国早在20世纪80年代初原哈尔滨建工学院就做过这方面的研究，而后又有多个研究成果说明含金属颜料的涂层使散热器散热量减小。实验证明，散热器外表面涂刷非金属性涂料时，其散热量比涂刷金属性涂料时能增加10%左右。因此，我国的有关标准中规定，散热器的外表面应涂刷非金属性涂料。

(四) 安装要求

(1) 安装形式及位置。散热器提倡明装。如散热器暗装在装饰罩内，不但散热器的散热量会大幅度减少，而且由于罩内空气温度远高于室内空气温度，从而使罩内墙体的温差传热损失大大增加，为此应避免这种错误做法。在需要暗装时，装饰罩应有合理的气流通道、足够的通道面积并方便维修。

散热器布置在外墙的窗台下，从散热器上升的对流热气流能阻止从玻璃窗下降的冷气流，使流经人活动区的空气比较暖和，给人以舒适的感觉；如果将散热器布置在内墙，流经人们经常停留地区的是较冷的空气，使人感到不舒适，也会增加墙壁积尘的可能。但是在分户热计量系统，为了有利于户内管道的布置，也可以把散热器布置在内墙。

(2) 连接方式：散热器支管连接方式不同，散热器内的水流组织也不同，从而使散热器表面温度场变化而影响散热量。

(3) 散热器的散热面积：根据热负荷计算确定散热器所需散热量，并且扣除室内明装管道的散热量，这是防止供热过多的措施之一。不应盲目地增加散热器的安装数量。有些人认为散热器装得越多就越好，实际效果并非如此。盲目增加散热器数量，使室内过热既不舒服又浪费能源，还容易造成系统热力失匀和水力失调，使系统不能正常供暖。

第五章　建筑暖通技术的可再生能源技术与应用

第一节　太阳能工位送风空调系统

地球上的一切能源主要来源于太阳能。根据相关文献记载，到达地球表面的太阳辐射能源为每年 5.57×10^{18}MJ，为全世界目前一次能源消费总量的 1.56×10^{4} 倍，它相当于 190 万亿 t 标准煤。我国地处北半球欧亚大陆东部，位于温带和亚热带，幅员辽阔，有较丰富的太阳能资源，华北、西北的广大地区尤其充足，为利用太阳能服务于民提供了良好的条件。

鉴于太阳能资源的丰富性，而我国又是一个能耗大国，又限于目前进行太阳能空调较高的技术门槛和成本要求，建立了太阳能工位空调系统的概念。所谓太阳能工位空调系统，即利用太阳能资源，对工作台为单位形成的个人工作区域进行温度、湿度及产生的污染源的控制，保证工作区域有一个良好、舒适的环境的空调系统。

通过 CFD 模拟技术，对办公建筑的一个独立办公室分别采用背景空调在太阳能工位空调送风、太阳能空调整体送风及分体空调整体送风方式进行数值模拟，得出各自送风形式下的速度场和温度场，从而得出一些结论。

一、太阳能工位空调系统的数值模拟

太阳能工位空调数值模拟工况：背景空调送风速度为 0.4m / s，送风量为 $325m^3$ / h，送风温度为 16℃。工位空调送风速度为 1.2m / s，送风量为 $130m^3$ / h，送风温度为 23℃。根据此工况，对房间尺寸为 5m × 4m × 3m 的空调房间进行数值模拟。

(一) 物理数学模型

物理模型为 5m × 4m × 3m 的空调房间，如图 5-1 所示，房间内有一个人、一台计算机、一盏荧光灯、一个桌子，桌子本身不是发热体，故未画出，门和窗户均用墙体代替，人、计算机、荧光灯用长方体代替。一个背景空调送风口，尺寸为 1000mm × 200mm；一个工位送风口，尺寸为 300mm × 100mm；一个回风口，尺寸为 1000mm × 200mm。

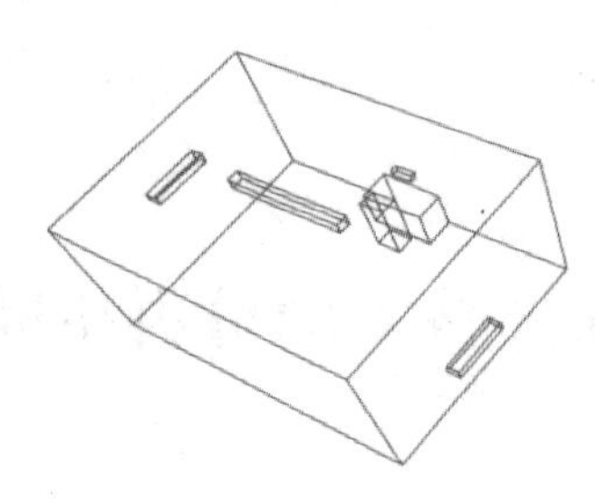

图 5-1　模拟空调房间模型图

(二) 边界条件

设置模型各边界条件，各边界条件的定义及相关参数如表 5-1 所示。

表 5-1　边界条件定义及相关参数

边界条件名称	边界条件	相关参数
背景空调送风口	速度入口	V=0.4m / s，t=16℃
回风口	压力出口	—
工位空调送风口	速度入口	V=1.2m / s，t=23℃
墙	固定热流量边界	K=40.7W / m^2
计算机	固定热流量边界	K=51.4W / m^2
人	固定热流量边界	K=63.5W / m^2
地板、顶棚	绝热边界	—
荧光灯	固定热流量边界	K=60.2W / m^2

二、太阳能空调整体送风及分体空调整体送风的数值模拟

太阳能空调整体送风与分体空调整体送风均为对整个空调房间进行空气调节，满足空调房间人员的舒适性要求，不同的是前者所采用的热源能量全部由太阳能提供，初投资成本较高，后者分体空调为普通的电空调，通过市电来驱动空调制冷制热，初投资成本低，但会消耗电能。下面根据送风工况对整体送风进行数值模拟，检验其是否满足舒适性要求。

(一) 整体送风系统的物理、数学模型

物理模型为 5m × 4m × 3m 的空调房间，房间内有一个人、一台计算机、一盏荧光灯、一个桌子，桌子本身不是发热体，故未画出，门和窗户均用墙体代替，人、计算机、荧光灯用长方体代替。一个背景空调送风口，尺寸为 1000mm × 200mm；一个回风口，尺寸为 1000mm × 200mm。

按此设计，是为了保持与工位空调送风一致，便于在进行节能及经济性分析的时候比较优劣。

(二) 边界条件

设置模型各边界条件，各边界条件的定义及相关参数如表 5-2 所示。

表 5-2　边界条件定义及相关参数

边界条件名称	边界条件	相关数据
整体空调送风口	速度入口	V=1.1m / s，t=16℃
回风口	压力出口	—
墙	固定热流量边界	K=40.7W / m^2
计算机	固定热流量边界	K=51.4W / m^2
人	固定热流量边界	K=63.5W / m^2
地板、顶棚	绝热边界	—
荧光灯	固定热流量边界	K=60.2W / m^2

三、三种送风模式下的经济性和能耗分析

(一) 背景空调 + 太阳能工位空调的初期投资及能耗分析

1. 初期投资分析

根据此物理模型，为了达到满足室内人员舒适性要求，采用了一台背景空调（送风量 325m^3 / h，送风温度 16℃）和按要求设计的太阳能工位送风空调（送风量 130m^3 / h，送风温度 23℃）共同承担室内负荷，据模拟结果显示，能够很好地满足办公人员的舒适性要求。

太阳能工位空调加装蓄电池主要是考虑阴雨天气时，太阳光辐射不足，无法满足工位空调的正常运行，为工位空调提供动力源保障。

从初投资表可以看出，对采用背景空调与工位空调相结合的空调系统，与传统分体空调整体送风相比，其投资成本较高。

2. 能耗分析

方案中的背景空调动力源由市电提供，工位空调动力源全部由太阳能光伏板提供，无须市电。背景空调的制冷量为 1300W，按目前市场上空调的 COP 值，取 2.5，则此方案每小时耗电量为 1300 ÷（2.5 × 1000）=0.52kW/h。同时，由于工位空调利用太阳能，每小时节约的电量为 216 ÷（2.5 × 1000）=0.0864kW/h。

以一年的运行时间计算，夏季制冷季为 120 天，冬季供暖季为 100 天，平均每

天运行 8h，则需消耗市电电量为 0.52×（120+100）×8=915.2kW/h，太阳能工位空调节约的电量为 0.0864×（120+100）×8=152kW/h。

（二）太阳能整体送风空调系统的初期投资及能耗分析

1. 初期投资分析

根据此物理模型，为了达到满足室内人员的舒适性要求，采用一台太阳能整体送风空调承担室内负荷，其空调末端等同于分体空调室内机，室外机动力源由太阳能光伏板提供。据模拟结果显示，能够很好地满足办公人员的舒适性要求。

由于太阳能整体送风空调系统的动力源全部由太阳能光伏板提供，结合整体送风的空调负荷要求，空调负荷为 2500W，因此所需的太阳能光伏板功率为 2500W÷0.5=5000W，转化效率按 0.5 计算，所需蓄电池容量为 5000A/h。

2. 能耗分析

太阳能整体送风空调系统的动力源由太阳能光伏板提供，无须市电。按目前市场上空调的 COP 值，取 2.5，则此方案每小时节约的电量为 2500÷(2.5×1000)=1.0kW/h。

以一年的运行时间计算，夏季制冷季为 120 天，冬季供暖季为 100 天，平均每天运行 8h，则每年可节约的电量为 1.0×（120+100）×8=1760kW/h。

（三）分体空调系统的初期投资及能耗分析

1. 初期投资分析

分体空调的整体送风与太阳能整体空调送风一致，不同的是分体空调利用市电进行空调的制冷、制热，而太阳能整体送风空调利用太阳能进行室内的制冷、制热，由于已经对太阳能整体送风进行了模拟，且模拟结果也能很好地满足室内办公人员的舒适性要求，所以对于分体空调而言，在采用同等空调负荷的情况下，分体空调一样能达到与太阳能整体送风相同的效果。

2. 能耗分析

分体空调系统的动力源全部由市电提供。按目前市场上空调的 COP 值，取 2.5，则此方案每小时耗用的电量为 2500÷（2.5×1000）=1.0kW/h。

以一年内的运行时间计算，夏季制冷季为 120 天，冬季供暖季为 100 天，平均每天运行 8h，则每年消耗的电量为 1.0×（120+100）×8=1760kW/h。

（四）三种空调形式的经济性及能耗性对比分析

1. 初期投资及能耗对比分析

从上述计算分析可知，在同样满足空调房间的舒适性的前提下，太阳能整体送风空调初投资费用最高，背景空调 + 太阳能工位空调次之，普通分体空调整体送风最低。在能耗方面，背景空调 + 太阳能工位空调方案年耗电量为 915.2kW/h，年节约电量为 152kW/h。太阳能整体送风空调方案不消耗市电，年节约电量为 1760kW/h，而普通分体空调整体送风方案年耗电量为 1760kW/h，无节约电量。

2. 空调全寿命周期的总投资对比分析

对空调全寿命周期的总投资，运用财务知识，可利用公式（5-1）计算空调全寿命周期的总投资费用：

$$S = A(1+p)^n + (B-C)\frac{(1+p)^n - 1}{p} \tag{5-1}$$

式中：S——空调全寿命周期总投资费用（元）；

p——年利率，取 3.5%；

A——初投资费用；

B、C——年运行费用和年节约费用；

n——全寿命周期长，取 n=20 年。

利用公式（5-1），可计算得到背景空调 + 太阳能工位空调方案总投资费用为 33527.6 元，太阳能空调整体送风方案总投资费用为 28225.1 元，分体空调整体送风方案总投资费用为 53563.8 元。

通过比较分析，采用上述三种空调方案，太阳能整体送风空调方案初投资最高，背景空调 + 太阳能工位空调方案初投资居中，且远小于太阳能整体送风空调方案，总投资费用略高于太阳能整体送风空调，但远小于分体空调整体送风方案。空调房间的总负荷，是三个方案中最低的，约为其他两个的一半，有利于节约能源，对节能有一定的指导意义。

因此，对办公室的空调方案，采用背景空调与太阳能工位空调相结合的方式，是一个不错的选择。

四、结论

这里分别对背景空调 + 太阳能工位送风空调系统、太阳能整体送风空调系统及分体空调整体送风进行了数值模拟，并对采用这三种空调形式下的初期投资成本及能耗做了对比分析。通过对这三种空调形式的研究，得出以下结论：

（1）无论采用背景空调 + 太阳能工位送风空调系统，还是太阳能整体送风空调系统及分体空调整体送风都能够很好地满足室内人员的舒适性要求，但采用背景空调 + 太阳能工位送风空调系统所需承担的室内负荷较其他形式的小。

（2）太阳能工位送风是将处理过的空气直接送入人的呼吸区，而不是与室内空气混合后再送达人体，这样保证了空气的洁净度，与传统空调相比，减缓了传统空调房间内的沉闷感。

（3）太阳能工位空调系统房间和工作区温度呈现分区分布，安装有工位送风口的工作区间平均温度低于未安装工位送风口的工作区间，人体周围温度明显低于背景温度，并且以人体为中心由内向外逐渐递增，工位送风效率很高。用较少的送风量就能达到满意的空调效果，利于节能。

（4）由于人距离工位送风口很近，必须考虑送风参数，特别是送风速度、送风距离、送风口尺寸对送风效果和人体舒适性等方面带来的影响。

（5）在相同的送风量下，送风口尺寸越小，工位区的气流速度就越大，会使用户产生吹风感。要达到所需的制冷要求，适当增大送风口尺寸，可能为用户提供较佳的温度、速度模式，即为用户提供较低温的新鲜空气。

（6）从避免吹风感角度来说，太阳能工位送风末端不能过于靠近用户。

（7）太阳能空调整体送风和分体空调整体送风可保证空调房间的舒适性要求，但其最佳空调效果区域不在工位区域，不能将其有效地送达工位区域，造成能量无形的浪费。

（8）在三种空调形式的初投资上，太阳能整体送风空调方案最佳，背景空调＋太阳能工位送风空调方案次之，传统分体空调最差。

（9）在三种空调形式的能耗及节能上，太阳能整体送风空调方案能耗全部来自太阳能，不消耗其他能源，最节能；背景空调＋太阳能工位送风空调方案仅背景空调采用市电，工位送风利用太阳能，消耗较少的能量；分体空调动力源全部来源于市电，且承担室内全部负荷，能耗较大。

第二节　太阳能半导体制冷／制热系统的试验

太阳能是一种取之不尽、用之不竭的绿色能源，半导体制冷具有体积小、质量轻、无噪声和无泄漏等优点。通过设计利用太阳能光伏发电为半导体制冷器提供直流电对空间进行制冷／制热，该系统具有结构简单、可靠性高、无污染等优点，特别适合没有架设电网的边远地区的冷藏／暖藏箱等应用，对推进太阳能光伏发电半导体制冷／制热系统的市场应用有一定参考意义。

一、太阳能光伏电池最佳倾角测试

太阳能半导体空调器制冷／制热系统，主要研究其在夏季工况下的运行情况。选择夏季晴朗天气，调整太阳能光伏电池的倾斜角度，通过测试光伏板的开路电压、短路电流以及在特定负载（负载为5Ω 和20Ω 的额定电阻器）情况下的输出电压和电流，找到太阳能电池的最大输出功率，从而确定其最佳的倾斜角度。同时，根据理论计算，确定太阳能光伏板的最佳摆放位置。

试验中，采用 TES-1333 型太阳能表实时地测试太阳辐射强度，为了能够使系统的工作状态保持更佳，测试的数据有效且符合试验的目的与要求，当太阳辐射强度不足 100W／m^2 时，忽略数据的变化，不计入倾斜角的测试试验。试验过程中的太阳辐射强度均满足大于 600W／m^2 的要求。

通过输出电压和输出电流可以计算得出输出功率，由于输出电流变化较为平缓，输出功率的变化规律与输出电压的变化规律基本保持一致，当倾斜角从 0° 逐渐增大，输出功率先增大后急剧减小，且在倾斜角 β=25° 左右时，太阳能光伏板的输出功率达到最大值。将试验所得最佳倾斜角 β=25° 与理论计算值进行比较，倾斜角 β=25° 在理论计算范围 20° ~ 26° 。因此，在试验中，取太阳能光伏板的倾斜角为 25° 进行后续相关试验。

二、制冷试验结果及分析

（一）工作电流对制冷效果的影响

工作电流是影响半导体制冷器效果的主要因素，由前面的理论分析可知半导体制冷器在工作时存在着一个最佳值，即产生最大制冷量时对应的工作电流。试验中为了保证输出电压的稳定性，采用通过控制器后输出的 12V 直流稳压作为半导体制冷器的工作电压，环境温度为 27.8℃，将 4 块并联后的半导体制冷器与滑动变阻器相连，在保证其他条件不变的情况下，改变滑动变阻器的电阻值，测试并记录通过半导体制冷器的工作电流，同时记录每一个工作电流对应的制冷器制冷空间和冷端稳定后的温度，试验结果如图 5-2 和图 5-3 所示。

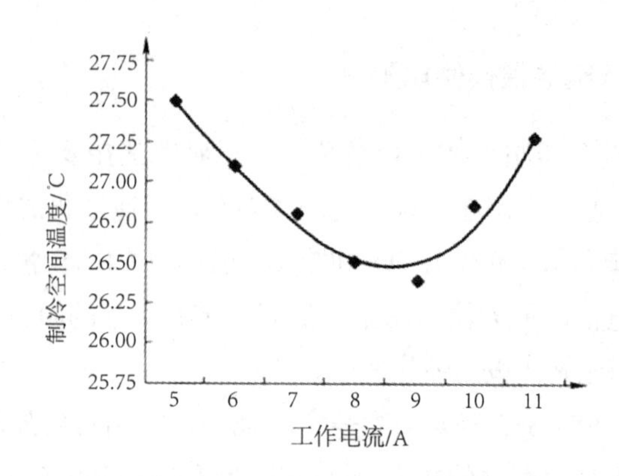

图 5-2　制冷空间温度与工作电流的关系

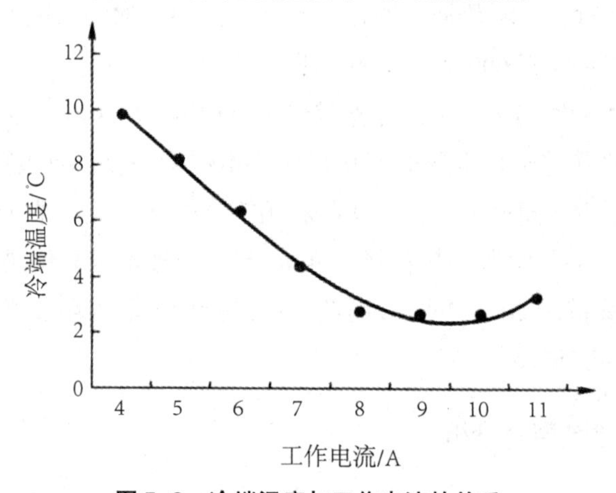

图 5-3　冷端温度与工作电流的关系

由图 5-2 可以看出：制冷空间的温度随着电流的变化呈现抛物线的变化规律，随着电流的增大，制冷空间的温度先减小后增大，存在着一个最小值，即抛物线的最小值，对应的工作电流就是半导体制冷器的最佳工作电流。产生上述变化规律，主要是因为构成半导体制冷器的电偶对，在工作电流增大时，冷端制冷量随之增大从而制冷空间温度降低，但工作电流继续增大后，半导体制冷器的热端也在不断产热，当热端的散热能力不足以将产生的热量及时散出时，半导体制冷器热端产生的富余热量就会向冷端传递，从而导致制冷空间的温度又会有所回升。

根据试验所得数据可知，当通过半导体制冷器的电流约为 8.6A 时，制冷空间的温度达到最小，由于试验中采用了 4 块半导体并联，因此制冷空间达到最低温度时，通过单片制冷器的最佳工作电流约为 2.15A。

由图 5-3 可以看出：同制冷空间温度随工作电流的变化规律一致，半导体制冷器的冷端温度也随着工作电流的增大先降低后升高，在工作电流为 9A 左右时，制冷器冷端温度达到最低，即单片制冷器的最佳工作电流为 2.25A，与上述测试制冷空间温度得出的最佳工作电流差别不大，从侧面说明了工作电流对制冷效果的影响的试验测试结果的准确性，确认了半导体制冷器的最佳工作电流约为 2.2A。

（二）有无蓄电池对制冷效果的影响

蓄电池是太阳能半导体制冷 / 制热空调系统的重要组成部分，是系统储能不可或缺的部分。但是从系统的初始成本看，蓄电池的成本相对较高，如果能够在保证制冷效果的前提下，可以不使用蓄电池，这对系统的成本和应用将有着重要意义。因此，通过试验的方式，测试并记录有蓄电池和无蓄电池时系统的工作电压和工作电流，如图 5-4、图 5-5 所示，通过测试数据比较分析在有无蓄电池的情况下系统的制冷效果。

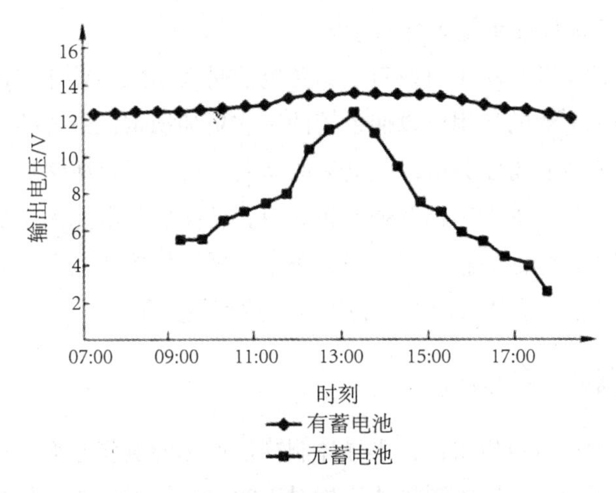

图 5-4　输出电压与有无蓄电池的关系

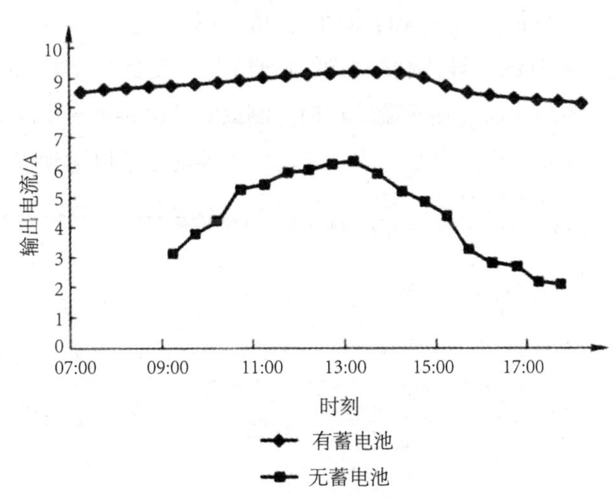

图 5-5　输出电流与有无蓄电池的关系

由图5-4可以看出：无论有无蓄电池，系统全天工作的输出电压都是呈现先增大后减小的趋势，在13：00左右输出电压达到最大值。同时，还可以看出在有蓄电池的情况下，系统的输出电压在12.2～13.6V，全天变化幅度很小，工作状态稳定。但在无蓄电池的情况下，系统的输出电压在2.5～12.5V波动，系统工作很不稳定，并且在9：00之前和17：30之后，太阳辐射强度极弱，系统不能工作，整个系统全天出现了工作的不连续性。

由图5-5可以看出：输出电流的变化趋势与输出电压的趋势基本一致，随着时间的推移，输出电流先增大后减小，同样在13：00左右出现输出电流的最大值。当将蓄电池运用于系统时，系统全天的输出电流变化区间为8.1～9.2A，保持着平稳的工作状态。当无蓄电池时，系统输出电流波动很大，一天中只在9：00到17：30为有效工作时间，不能保证系统运行的连续性。

因此，从上述试验分析中可以看出，蓄电池是太阳能半导体空调系统中的一个重要组成部分，蓄电池的运用可以使系统的工作更加稳定，系统的工作状态具有连续性。同时，从节能的角度分析，蓄电池的运用，可以有效地储存丰富的太阳能转换后的电能，尤其是中午太阳辐射强度较大时，转换成的电能大于负载所需时，多余的能量可以利用蓄电池储存起来，当太阳辐射强度较弱或几乎没有时，再由蓄电池给负载供电，这样就能使太阳能的利用效率达到最大化。

三、制热试验结果及分析

根据制冷试验测试可以看出，半导体制冷器产热的响应速度很快，且根据热电制冷的理论知识可知，半导体制热功能相对于制冷功能来说要容易很多，因为半导体制冷器热端产生的热量要大于其自身消耗的电功率。

通过试验进一步测试半导体制冷器的制热情况，改变通入半导体制冷器的工作电流方向实现半导体制冷器冷热两端的转换，测试时环境温度为15.6℃，同样采用滑动变阻器与三组半导体制冷器串联，改变滑动变阻器的阻值以达到改变工作电流的目的，测试并记录不同电流情况下，制热空间稳定后的温度，测试结果如图5-6所示。

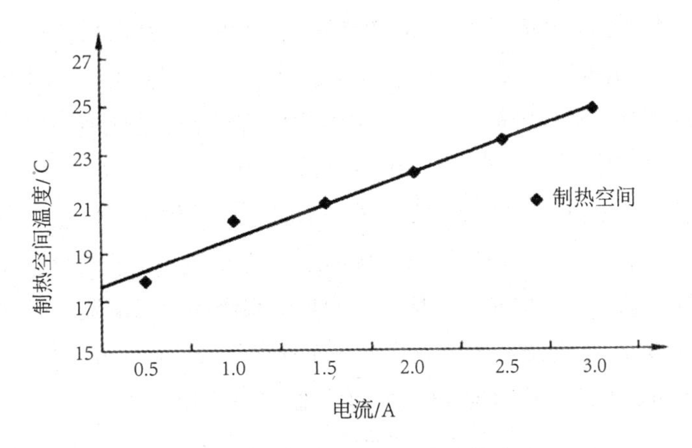

图 5-6　制热空间温度与电流的关系

由图 5-6 可以看出：制热空间稳定后的温度随着半导体制冷器的工作电流的增大而增大，根据半导体制冷器的产热量计算公式：

$$Q_h = \left(\alpha_p - \alpha_n\right) I T_c + (1/2) I^2 R - K \Delta T \tag{5-2}$$

可知，制冷器热端产生的帕尔贴热值与工作电流成正比，焦耳热值与工作电流的二次方成正比，热端和冷端之间的导热与工作电流的大小无关，因此，制冷器的热端产热量随电流的不断增大而增大。但是，半导体的产热和产冷是同时工作的，并不是将工作电流提高得越好对系统的运行情况越好，过大的电流可能引起半导体自身的热短路甚至结构毁坏，从而影响整个系统的运行情况。通过试验选取合适的工作电流即可。从图 5-6 中可以看出当工作电流在 2 ~ 3A 时，制热空间的温度与环境温度的温差已经达到 6.6 ~ 9.3℃，制热效果较好。

四、结论

通过对半导体制冷 / 制热特点的分析，提出利用太阳能光伏发电为半导体制冷 / 制热系统提供直流电的新型制冷 / 制热方式，通过理论分析和试验测试，借助现代先进的测试技术，对太阳能半导体制冷 / 制热系统的性能进行深入的分析与探讨，得出结论如下：

固定式太阳能电池的输出功率与电池摆放有关，倾角应根据不同的地理条件和负荷全年分布进行设计，根据武汉的地理位置，经过测试得出武汉地区太阳能电池的最佳倾角为 25° 。

太阳能光伏电池的输出功率与太阳辐射强度及温度等有关，在气象条件一定的情况下，正确的安装方法是使电池板输出最大功率的关键。

半导体制冷器工作电流、热端散热情况和环境温度是影响制冷空间内部温度的重要因素。随着电流的不断增大，制冷空间的温度先减小后增大，存在着一个最小值，即抛物线的最小值，对应的工作电流就是半导体制冷器的最佳工作电流。

在制热模式时，制冷器热端产生的帕尔贴热值与工作电流成正比，焦耳热值与工作电流的二次方成正比，热端和冷端之间的导热与工作电流的大小无关，因此，制冷器的热端产热量随电流的增大而增大。但是，半导体的产热和产冷是同时工作的，并不是将工作电流提高得越好对系统的运行情况越好，过大的电流可能引起半导体自身的热短路甚至结构毁坏，从而影响整个系统的运行情况。通过试验选取合适的工作电流即可。从图 5-6 中可以看出当工作电流在 2 ~ 3A 时，制热空间的温度与环境温度之间的温差已经达到 6.6 ~ 9.3℃，制热效果较好。

第三节　空气源热泵冷、热、热水三联供系统

一、系统介绍及系统构建

制冷、供暖、供生活热水“三联供”系统实现的方法是在系统中设置两个冷凝器，一个为普通的空冷冷凝器来实现普通的热泵空调器的制冷、制热的功能，另加入一个水冷冷凝器，在需要热水的场合将制冷剂切换到水冷冷凝器中冷凝。实现同时制冷与制热水的目的和单独作为热泵热水器的目的。

(一) 系统介绍

1. 工作原理

(1) 单独制冷

出压缩机的高温高压的制冷剂，经过翅片式换热器冷凝放热，将热量排到室外空气中，然后制冷剂经过节流装置变成低温低压状态，再流经室内侧换热器，在换热器中蒸发吸热成低温低压的蒸气，然后回到压缩机。

(2) 制冷兼制热水

出压缩机的高温高压的制冷剂，先经过板式换热器冷凝放热，将热量传递给经过板式换热器的水，水被加热作为生活热水，热水温度达到要求后或者有多余的热量，再通过翅片式换热器冷凝放热，将制冷剂中多余的热量释放到空气中，之后经过节流装置，高压的制冷剂变成低温低压的状态进入室内侧换热器，制冷剂在换热器中吸收热量后回到压缩机。

(3) 单独供生活热水

出压缩机的高温高压的制冷剂，先经过板式换热器冷凝放热，热量被循环流经板式换热器的水吸收，产生的热水供生活使用，之后制冷剂通过节流装置，在节流装置的作用下，变成低温低压的液态，再通过室外侧换热器（翅片换热器）从空气中吸收大量的热量，然后回到压缩机。

(4) 单独供暖

压缩机起动，高温高压的制冷剂蒸气通过室内侧换热器，工质在换热器内冷凝放热，为房间提供热量，然后经过节流装置节流变成低温低压状态，再经过室外侧换热器，从空气中吸收热量，然后回到压缩机。

(5) 供暖兼供热水

原理同供生活热水及供暖，只是可以同时满足两者，即供暖的同时，还可以供应生活热水，而且可以设置优先模式，供暖优先或者供应生活热水优先。

2. 结构划分

"三联供"系统结构按热水换热器在系统中的连接方式划分，可分为前置串联式、后置串联式、并联式及复合式。前置串联式系统是将热水换热器串联在冷凝器之前，这种方式可回收制冷剂显热和部分凝结潜热。后置串联式系统是将热水换热器串联在冷凝器之后，这种方式可回收部分凝结潜热和制冷剂液体过冷的热量。并联式系统是利用切换装置，实现在任何运行模式下，制冷剂只流经热水换热器、冷凝器和蒸发器三个换热器中的两个换热器，即可完成一个完整的工作循环，这种方式可回收全部的冷凝热量，包括显热、潜热和过冷热量。而复合式则是上述三种基础连接方式间的组合。

对于"三联供"系统结构而言，形式多种多样，按热水制热方式划分，可分为一次加热式、循环加热式和静态加热式。一次加热式，即冷水经过一次加热，直接达到用户所需的水温；循环加热式，即冷水通过在机组和蓄热水箱间多次循环加热，逐渐达到用户所需的水温；而静态加热式则可分为蓄热水箱内绕盘管式和外绕盘管式，两种形式机组的制冷剂侧均是通过强制对流进行换热，水侧通过自然对流进行换热，将冷水逐渐加热至用户所需的水温。

(1) 前置串联式

前置串联式结构即热水换热器串接在压缩机排气口之后，风冷式换热器之前，它可以回收压缩机排出过热蒸气的显热和部分凝结的潜热来加热水。

前置串联式形式的系统，全年可以制取生活热水，该形式是空气源热泵"三联供"技术领域研究起步最早、取得的研究成果最多的一种系统结构形式。

通过模型仿真和试验测试，对前置串联式结构形式的系统在制冷兼制生活热水模式和单独制热水模式下的系统工作性能、稳定性以及两种模式下的运行参数等进行了相关的模拟和试验研究。通过研究发现，当室外环境温度为35℃，同时室内环境温度为27℃时，系统在制冷兼制生活热水模式下的试验开始运行阶段，热水温度较低时，系统制冷量偏低。分析其原因为，当热水水温较低时，前置热水换热器所回收的冷凝热负荷占系统总冷凝热负荷的比例比较大，制冷剂在热水换热器出口处干度减小。在风冷换热器器内容积和制冷剂充注量一定的情况下，将导致风冷冷凝器总出口、节流机构前液态制冷剂无过冷，节流机构质量流量下降，蒸发器供液不足，系统性能下降。

对前置串联式系统进行改进：在低水温时，将热水换热器出口制冷剂直接从冷凝器进口旁通至出口，停用冷凝器，只使用热水换热器处理系统冷凝负荷，有效地解决了热水水温较低时制冷量衰减的问题。同时，对制冷热回收运行时热水供应量、机组制冷量、机组功耗随室外环境温度、热水温度及蒸发温度变化的特性进行试验研究，发现在室内外环境温度基本恒定的条件下，系统制冷量会随着热水供水温度的上升而减少。这是由于热水供水温度的上升会导致系统冷凝压力的升高，冷凝器出口、蒸发器进口制冷剂比焓值增大，从而导致单位质量流量的制冷剂在蒸发器中蒸发的燃差减小，进而导致系统制冷量下降。江辉民等又在上述试验研究的基础上，建立了系统模型，通过计算机仿真，对在制冷热回收模式下风冷冷凝器风量、热水流量对系统特性的影响进行了分析，同时对单独制热水和制热兼制热水两种模式下系统的运行特性进行了研究。分析结果表明，提高热水换热器的换热能力，如增大换热面积、提高水流量等，有利于提高制冷热回收和单独制热水模式下的热水加热能力及系统稳定性。但是在制热兼制热水模式下，因机组总制热能力有限，为避免室内制热量过小，应降低热水侧换热能力。

这种前置串联结构方式存在以下两个不足之处：

①制冷剂量的平衡问题。

制冷剂平衡是制冷系统安全稳定运行的最基本条件，如果系统的制冷剂不足，会造成蒸发器内缺氟，蒸发压力下降，制冷量会严重下降。如果系统的制冷剂过多，多余的制冷剂液体会囤积于冷凝器内或直接冲入压缩机中，导致冷凝压力上升，压缩机负荷加大或导致压缩机损毁。对于“三联供”系统，其结构远比普通的制冷空调系统复杂。因为它的主要存储制冷剂的部件，除室外风冷换热器和空调换热器外，还有一个新增加的热水换热器。一般三种换热器的容积均不相同，在各种运行模式中，三个换热器分别组合成冷凝器和蒸发器，各种运行模式下所需要的制冷剂充注量和需求量相差较大，系统在单独制冷和单独制热模式下运行正常，运行模式切换后系统工作很不稳定，难以获得理想的效果。尤其在单独制取热水模式下，制冷剂通过热水换热器被冷凝后，体积大为减小，无法向后连续定量流动，在通过风冷换热器时，会存在储液现象，水温越低，制冷剂冷凝后密度越大，储液现象越明显，系统制冷剂量越显得不足，也会严重影响机组制冷或制热效果，从而使整个空调装置不能正常运行，继续充注制冷剂，则系统逐步恢复正常。

②化霜效果问题。

由于机组冬季化霜运行时，压缩机排气仍须先经过热水换热器，才进入风冷换热器进行化霜。当热水温度较低时，排气经过热水换热器已经被冷却，进入室外换热器的冷媒温度不够高，导致化霜时间延长，化霜效果不理想。而且大量制冷剂储存在热水换热器和风冷换热器内，系统严重缺氟，冷媒循环不畅，长期运行会导致压缩机缺油烧毁。

(2) 后置串联式

后置串联式结构是将热水换热器串接在风冷换热器之后，如图 5-7 所示。该方式主要是利用制冷剂过冷部分的显热热量加热热水，这一部分热量占总冷凝热量的 10% ~ 15%。在这种结构系统下，制冷剂在流经热水换热器时已为液体，没有发生相变放热，该方式可以避免出现制冷剂量的平衡问题，且过冷部分有利于提高系统的制冷量、性能系数和运行的稳定性。但缺点是回收热量少，要想回收更多的热量，就必须采取增加热水换热器的面积等措施，这样一来，不仅增加了设备的造价，还导致设备体积的增加。

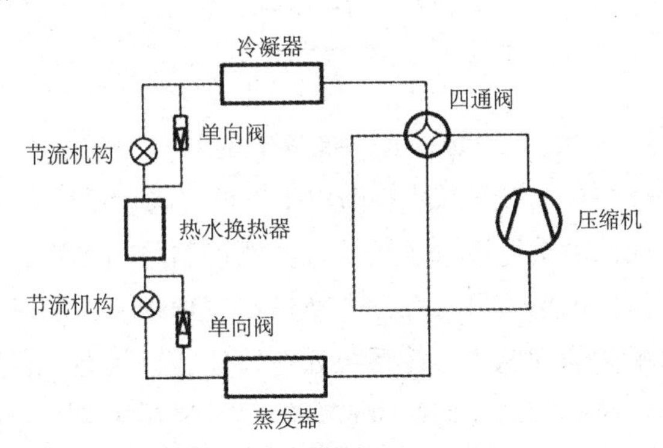

图 5–7　后置串联式示意图

这种结构方式与前面提到的后置串联式结构方式相比，在制冷剂量平衡和化霜效果两个问题上得到一定的改善，但不能从根本上解决这两个问题。对于制冷剂平衡问题，由于热水换热器放置于风冷换热器和空调换热器之间，所以不管是正向循环还是逆向循环，在高压冷凝侧，热水换热器都是处于空气侧换热器的后面。又由于水冷换热时传热系数比风冷换热时传热系数要大近 30 倍，同样在换热量情况下，水冷冷凝器制冷剂流道容积要比风冷冷凝器流道容积小很多，所以冷凝后液体通过水冷冷凝器比通过风冷冷凝器储液现象更轻微些，对制冷剂量平衡影响更小些。而且在制热水工况下，过热制冷剂蒸气先经过风冷换热器再在热水换热器内被冷凝，水温波动，不会导致在空调侧换热器内产生储液现象。

(3) 热水换热器与风冷换热器和空调换热器并联连接方式

并联连接方式即热水换热器与风冷冷凝器和空调换热器并联，如图 5-8 所示，通过一个四通阀和一个三通阀的切换，三个换热器中任意两个换热器均可实现制冷制热，并且制冷剂不经过不工作的换热器，且不工作的换热器管路一直与压缩机进气口相通，即一直处于低压气体状态，其中储存的制冷剂量很少。该方式很好地解决了以上两种方式存在的因系统中加入一个水冷式换热器所导致的制冷剂量不平衡的问题，且可实现夏季制冷兼制生活热水，春、秋、冬季相当于空气源热水器。

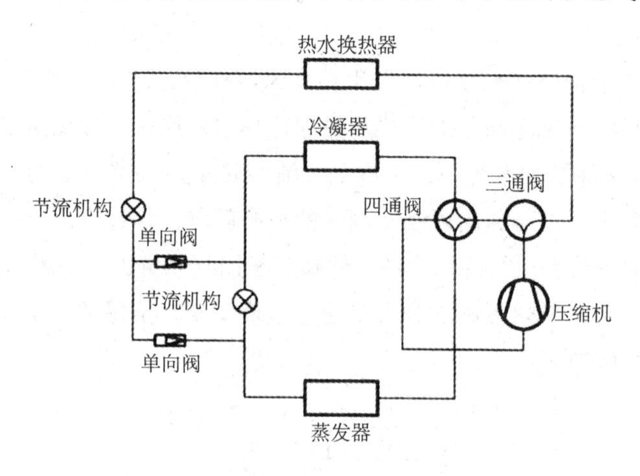

图 5-8　并联式示意图

但是，由于制冷剂在水冷式换热器的后半段被冷凝成过冷液体后形成储液现象，而且系统没有配置储液器等制冷剂平衡装置，使得制冷剂量略有不足，系统能效水平没有得到充分发挥。该系统只有在三个换热器容积相差不多时，才不存在不同运行模式下制冷剂量平衡的问题，可使系统处在较佳运行状态，否则，需要设置一个储液器，用来储存不同运行模式切换时多余的制冷剂并在工况变动时调节和稳定制冷剂的循环量。另外，该系统较好地利用了单向阀和电磁阀控制制冷剂的流动，不存在制冷剂的迁移问题，较好地解决了长期停机起动时压缩机液击的问题。

对于并联式结构的系统，李舒宏等研究了制冷兼制生活热水模式时，室内环境温度变化对系统制热水能效比的影响，同时对制冷兼制生活热水模式和单独制热水模式下热水出水温度变化对系统制热水能效比的影响进行了分析。试验结果表明，在制冷兼制生活热水模式时，随着室内环境温度的升高，系统制热水能效比明显升高，上升速度逐渐趋缓。这是由于受节流机构的限制，室内环境温度的升高引起的系统蒸发温度的升高逐渐趋缓。在制冷热回收和单独制热水时，由于热水出水温度会直接影响系统冷凝压力，随着热水出水温度的提高，系统制热水能效比几乎呈直线下降。

根据以上对各种形式系统结构的分析发现，目前很多研究多侧重于系统多功能化的实现，而很少考虑不同运行模式下，系统所需制冷剂充注量和需求量变化很大的问题，系统自动调节能力较差，运行效果不理想，所以这里对现有的结构形式进行分析，然后找到各自结构的优缺点。

3. 现有热水加热方式分析

热水加热方式对于“三联供”机组的性能和可靠性具有重要的影响，而各种制热水方式具有各自的特点，根据水冷式换热器水侧水循环方式的不同，常用的有循环加热系统、静态加热式系统和即热式系统（即一次加热系统）。

（1）循环加热系统

循环加热系统是利用循环水泵提供动力，使循环水一直在水冷式换热器和蓄热水箱之间循环流动，水不断吸收制冷剂冷凝释放出来的热量，直至蓄热水箱的出水温度达到设定温度。常用的水冷式换热器为套管式换热器和板式换热器。

（2）静态加热式系统

静态加热式系统又根据加热盘管在蓄热水箱的位置不同，分为内置盘管静态加热式和外置盘管静态加热式。

内置盘管静态加热式是将换热盘管直接浸没在蓄热水箱中。将水冷式换热器与蓄热水箱合二为一，制冷剂在盘管内流动和冷凝，利用管壁加热的水产生自然对流进行换热。其优点是结构简单，水垢直接结在换热管表面，易于清除，而且不需要配置热水水泵，减少机组运转噪声和故障点；而其缺点是换热效果差，换热盘管易腐蚀或结垢。在制取热水过程中，主要靠水的自然对流进行换热，水的流动性较差，换热效果减弱，换热盘管的制冷剂侧的表面换热系数、换热管的导热系数都较高，而水侧的自然表面换热系数较低，导致换热盘管壁面温度较高，特别是制冷剂进口的过热段。对于铜换热盘管，如果水质呈酸性则极易发生腐蚀现象。为此采用耐腐蚀的不锈钢盘管代替铜盘管，或者在换热盘管表面进行搪瓷处理，是目前应对腐蚀问题的主要方法。但是对于换热盘管表面的结垢问题，目前还没有很好的解决措施。

外置盘管静态加热式是将换热盘管缠绕在水箱内胆外壁上，制冷剂的热量依次通过换热管和水箱内胆传递到水中。这种加热方式的优点是避免了换热盘管出现腐蚀和结垢的问题，但是，由于换热管只有部分面积和内胆接触，且换热管和内胆间存在接触热阻，因此这种加热方式的换热效率要低于内置盘管静态加热式。

(3) 即热式系统 (即一次加热系统)

冷水一次性流过换热器即被加热到所设定的温度。常采用套管式换热器、板式换热器、壳管式换热器。与前两种加热方式相比，即热式系统具有热水出水速度快、即开即出热水的优点，且其利用自来水的水压进水，不需要循环水泵，减少了电能的消耗；同时，水一次性加热，无冷热水的混合，冷凝压力相对稳定，压缩机运行工况稳定，机组可靠性高。从原理上来讲，即热式加热系统无须水箱，降低了初投资，节省空间。但夏季制冷回收冷凝热制取热水的时间与用户用热水时间不一致，如果要达到实际需求，就需要给即热式系统配备一个保温效果良好的蓄热水箱，将热水储存在水箱中，等需要用热水的时候，再从水箱中取得。

总的来说，一次加热式和循环加热式的共同点在于都是利用水泵驱动冷水流经热回收换热器进行强制对流换热，因此相对于内置或外置盘管静态加热式，其换热系数高，且热水换热器壁面温度低，不易发生腐蚀和结垢现象。不同点是一次加热式将冷水通过一次加热直接达到目标水温，因此须根据进水温度的不同，进行变水流量控制，或者将冷水和热水按一定比例混合再经过热回收换热器，以维持恒定的出水温度；而循环加热式是将冷水经过多次循环加热，逐渐达到目标温度。所以一次加热式的控制复杂、成本相对较高，但用户可在机组制热水过程中使用热水；而循环加热式则要等水箱中的冷水逐渐加热到较高水温后，用户才可使用，但控制简单、成本相对较低。

4. 现有热水换热器的选用分析

水冷换热器的设计主要有两种形式，一种是桶浸泡盘管式，另一种是逆流式。

(1) 桶浸泡盘管式

这种方式是把圆柱螺旋形的盘管置于储热水箱内，制冷剂在管内流动和凝结，依靠管壁加热的水产生自然对流进行换热，但在水温接近于冷凝温度时传热性能迅速降低，并会迫使主机冷凝压力升高。

(2) 逆流式

原则上，壳管式、板式和套管式的换热器都可作逆流换热器用。一般来说，逆流式换热器的传热性能优于桶浸泡盘管式水冷换热器，制热水时冷凝压力相对较低，热泵效率也相对提高了。

5. 蓄热水箱的选择分析

“三联供”机组在夏季制冷热回收运行时，存在空调运行时间与热水使用时间不一致的矛盾；而在冬季，则可能出现同时需要制热和制热水的情况。因此，为了解决上述问题就必须为“三联供”机组配置合适的蓄热水箱。

(1) 冷凝热与热用户间的日不平衡性

冷凝热是随着冷负荷的变化而变化的，而冷负荷又是随着室外气象参数、人员流动、地理位置及时间等参数而变化的，因此冷凝热的变化规律受多因素的影响；比如旅馆类建筑中，存在很多用热场所，但各用热场所均为动态运行，其运行规律受工作制度、人员生活习惯、年龄结构及天气情况等因素制约。

(2) 冷凝热与热用户的季节性不平衡

空调冷凝热是夏季的产物，在过渡季节、冬季，冷凝热将逐渐减少，甚至没有。因此，一年当中，冷凝热也是随季节而变化的，而无论哪个季节，人们都会有热量的需求，并且需求量不随季节变化，这就会引起冷凝热与热用户在季节上的不平衡。蓄热水箱的设计要综合考虑用户的需求和技术上的可能性。一方面要考虑用户热泵空调的时间及习惯等因素，另一方面要从技术上保证在机组正常的运行时间内，能够以合适的方式将热水加热到设计要求的温度（50℃），以及实现连续出水。

有学者专门通过理论计算，对比分析了长方形、圆柱形及球形三种蓄热水箱的漏热损失。通过研究发现，在其他条件相同的情况下，长方形水箱的漏热损失最大，圆柱形次之，球形最小。因此，结合现场安装的便利性，蓄热水箱优先选择设计成圆柱形。对于蓄热水箱的容积选择，需要考虑空调器的出力及运行方式、换热器的换热效率、入口温度、水流速度、系统管路设计及热水的使用方式和使用量等因素。还需要通过了解不同用户的用水方式，模拟和预测动态用水过程，并进行全年的能耗及经济性分析等来确保水箱容积设计的合理性。但是这些研究都只限于定性分析，没有给出具体的计算方法。

6. 提出的新型“三联供”机组系统设置

根据上述对各种形式的系统结构、加热方式、换热器的选用以及蓄热水箱的选用的分析和研究，对目前的系统进行了相关的改进，该系统不仅仍然可以在五种不同的模式下运行，而且在一定程度上能自动调节所需制冷剂量，克服常规系统存在的各种问题，使系统稳定、平衡、高效地运行。其原理如图 5-9 所示。

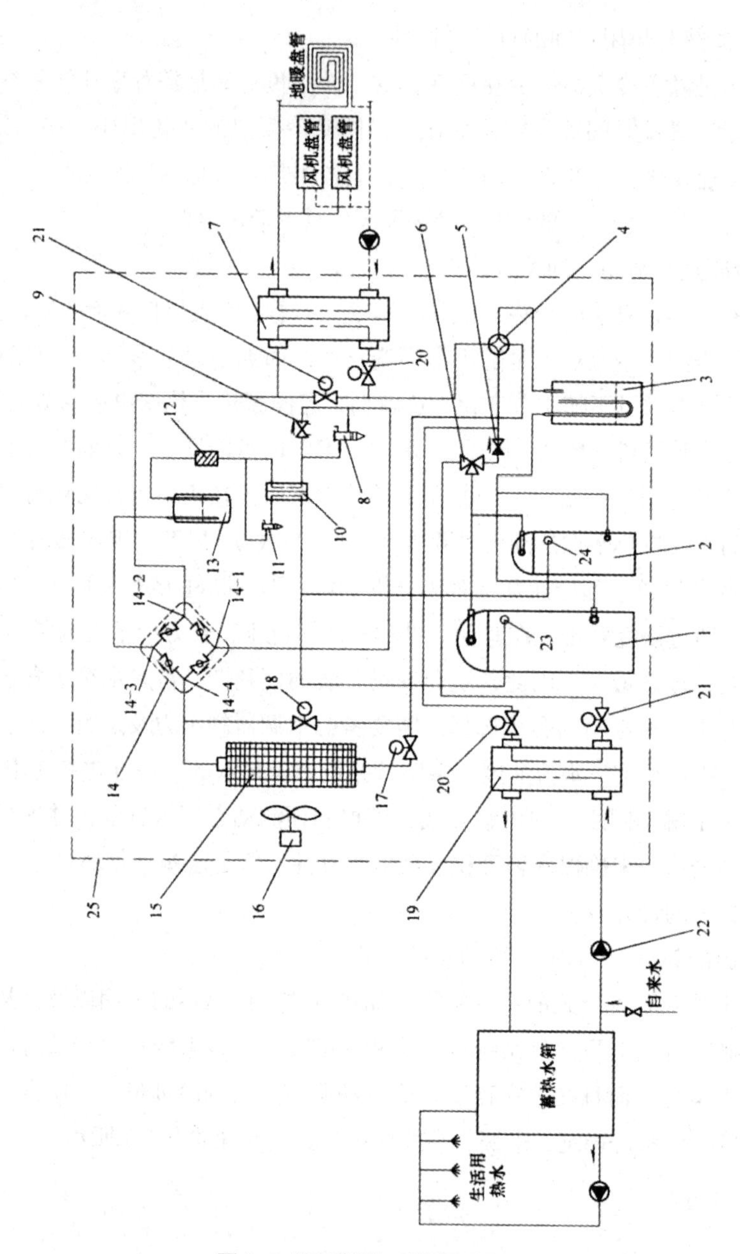

图 5-9 “三联供”系统原理图

1—大压缩机；2—小压缩机；3—气液分离器；4—电动四通阀；5—止回阀；6—三通调节阀；7—空调换热器；8—电子膨胀阀Ⅰ；9—平衡阀；10—经济器；11—电子膨胀阀Ⅱ；12—过滤器；13—储液器；14-1—单向阀组下接口；14-2—单向阀组右接口；14-3—单向阀组上接口；14-4—单向阀组左接口；15—风量换热器；16—变速风机；17—电动二通阀；18—电动二通阀；19—热水换热器；20—电动二通阀；21—电动二通阀；22—变速水泵；23—压缩机进口；24—压缩机进口；25—整个机组

与目前的系统相比，这里提出的新系统主要有以下特点：

(1) 设置两个压缩机，一大一小

由于生活热水负荷于空调负荷来说小很多，当在过渡季节，不需要制冷或者制热的时候，开启小的压缩机，运行单独制热水模式来获得生活热水，避免了“大马拉小车”，提高了压缩机的运行效率，更加节能；当在冬季，室外环境温度低的情况下，同时机组既需要制热又需要制生活热水的时候，系统需要的输入能耗很大，此时开启两台压缩机，以解决冬季供暖兼制热水同时进行时功率不足的问题。夏季开启大的压缩机制冷并回收冷凝水，当空调在部分负荷的时候，也可以开启小的压缩机来运行。

(2) 系统的结构采用复合式结构

不管是采用串联还是并联，系统都存在各种各样的问题，采用复合结构的方式，在一定程度上可以缓解制冷剂不平衡的缺点。

(3) 增加了储液器

由于“三联供”系统要满足五种模式，除了要具有制冷制热的功能以外，还需要能够制取生活热水，所以与常规的热泵空调相比，需要添加设置一个热水换热器，夏季空调的冷负荷、冬季的热负荷、生活热水负荷相差很大，所以三种换热器的容积、换热量均不相同，在各种运行模式中，三个换热器分别组合成冷凝器和蒸发器，各种运行模式下所需要的制冷剂量也会不一样，不同模式的切换会导致系统制冷剂不足问题的出现，从而影响系统工作的效果。系统增加储液器，用于储存在换热器放热后的高压液态制冷剂，防止系统中制冷剂过多时，制冷剂液体淹没冷凝器的传热面，使其换热面积不能充分发挥作用，并可以在工况变化时调剂和补偿液态制冷剂的供应，从而保证压缩机和制冷系统正常运行。

(4) 系统设置了一个三通调节阀

可以控制进入热水换热器中的制冷剂流量，来调节室内供热量和制取热水热量的分配。调整制冷剂流经板式换热器和直接进入空调换热器的比例，使一部分制冷剂在板式换热器中与水换热，另一部分直接与空调换热器换热，这样可以解决冬季供暖兼制热水同时进行时无法按需要调节的问题。

(5) 对风冷换热器设置了一个旁通管

在夏季制冷兼制生活热水时，开启旁通风量换热器，由于系统刚起动时，储水箱中的水温较低，热水换热器可以完全吸收压缩机排放的制冷剂的冷凝热量，这时室内所需的冷负荷均由板式换热器独自承担。储水箱中的水在板式换热器中与制冷剂换热。但随着热水温度逐渐升高，压缩机的排气温度和排气压力逐渐升高，冷凝压力提高，系统的效率下降。当压缩机排气温度达到一定值时，新的系统结构关闭旁通管上的阀门，开启风冷换热器上的阀门，让制冷剂通过风冷换热器，同时开启风机，热水不能吸收的多余冷凝热量由风冷换热器排放到室外，此时冷凝热由热水换热器和风冷换热器共同承担，使机器不会因为冷凝热量排不出去而导致机器制冷能力下降或者停机。通过一系列的控制措施，可以尽可能多地回收空调的冷凝热量，减少风机的运行时间，不仅保证了机器正常运行，还节约了电能。

(6) 风机与循环水泵的流速

风机设计为变速风机，循环水泵设计为变速水泵，通过二者的流速变化组合，控制调节系统的冷凝压力，使系统得以稳定运行，以弥补系统存在的不稳定性。

(7) 设置生活热水蓄热水箱

由于空调负荷和热水负荷在大多数情况下存在不一致的矛盾，因此生活热水的热负荷主要由蓄热装置解决。系统增加一个蓄热水箱，当需要使用时，从水箱中调取。

(8) 系统设置了一个经济器

将来自冷凝放热后的高压液态制冷剂的一部分未冷却的气态制冷剂通过经济器和压缩机的连通管道，重新进入压缩机继续压缩，进入循环。通过膨胀制冷的方式稳定液态制冷介质，以提高系统容量和效率。

(9) 热力膨胀阀设计为可调节的电子膨胀阀

“三联供”运行模式较多，变化情况复杂，若节流装置为可调节的电子膨胀阀，可以适应不同运行模式的节流需要，以保证制冷运行与制热运行的顺利。

(10) 将空调换热器设成水冷换热器

对于普通热泵式空调器的蒸发器采用风冷，新的系统采用水冷换热器，换热效率更高。机组在夏季提供的是冷水，冬季提供的是低温热水，不需要与之配制专门的内机，夏季或者冬季末端可以采用风机盘管，扩展性更强，对于家庭用户，可以做出中央空调形式，不再需要像传统方式一样，一个房间安装一个空调器。更重要的是，随着南方对供暖的呼声越来越高，若在冬季供暖末端采用低温地板辐射系统，并且由“三联供”机组提供低温的供暖热水，采用辐射供暖时室温由下而上，随着高度的增加温度逐步下降，这种温度曲线正好符合人的生理需求，给人以脚暖头凉的舒适感受，所以更加舒适，由于热源是低温的供暖热水，所以具有更加高效、节能、低运行费用等优点，末端安装是在地板下还为室内节约了空间。

(二) 系统运行模式及流程

这里提出的空气源热泵“三联供”系统具有多功能、全年运行的特点，通过电磁阀的调节，系统可实现以下五种运行模式：单独制冷模式、单独制热模式、单独制热水模式、制冷兼制热水模式和制热兼制热水模式。

空气源热泵“三联供”运行不同的模式，制冷剂流程也就不同，从而所实现的功能也就不同。为了能更清楚地了解各种运行模式的工作流程，下面分别对不同运行模式下的工作原理进行描述。

1. 单独制冷模式

这种运行模式和常规空调系统的制冷方式是相同的。此时电磁阀 18、21 关闭，制冷剂的流程：压缩机 1→三通阀 6→四通换向阀 4→电磁阀 17→风冷换热器 15→单向阀组左接口 14–4→单向阀组上接口 14–3→储液器 13→过滤器 12→经济器 10→热力膨胀阀 8→单向阀组下接口 14–1→单向阀组右接口 14–2→空调换热器 7→电磁阀 20→四通换向阀 4→气液分离器 3→压缩机 1。

白天只有大压缩机工作，夜间负荷小时，可以切换成小压缩机运行，节约能耗。

2. 单独制热模式

单独制热模式下，制冷剂在三通阀的调节下，不经过热水换热器。此时电磁阀 18、21 关闭，制冷剂的流程：压缩机 1→三通阀 6→四通换向阀 4→电磁阀 20→空调换热器 7→单向阀组右接口 14–2→单向阀组上接口 14–3—储液器 13→过滤器 12→经济器 10→热力膨胀阀 8→单向阀组下接口 14–1→单向阀组左接口 14–4→风冷换热器 15→电磁阀 17→四通换向阀 4→气液分离器 3→压缩机 1。

夜间只有大压缩机工作，白天负荷小时，可以切换成小压缩机运行，减少能耗。

3. 单独制热水模式

在过渡季节，不需要制冷或者制热，但室内仍需要生活热水，“三联供”系统可以作为一个空气源热泵热水器制取生活热水。此时，电磁阀 18、20 关闭，制冷剂的流程：压缩机 2→三通阀 6→热水换热器 19→四通换向阀 4→电磁阀 21→单向阀组右接口 14-2→单向阀组上接口 14-3→储液器 13→过滤器 12→经济器 10→热力膨胀阀 8→单向阀组下接口 14-1→单向阀组左接口 14-4→风冷换热器 15→电磁阀 17→四通换向阀 4→气液分离器 3→压缩机 1。

4. 制冷兼制热水模式

制冷兼制热水模式是三联供系统设计的最好运行模式，在该模式下，刚开始的时候，电磁阀 17、21 关闭，制冷剂全部经过风冷换热器，制冷剂的流程：压缩机 1→三通阀 6→热水换热器 19→四通换向阀 4→电磁阀 18→单向阀组下接口 14-1→单向阀组上接口 14-3→储液器 13→过滤器 12→经济器 10→热力膨胀阀 8→单向阀组下接口 14-1→单向阀组右接口 14-2→空调换热器 7→电磁阀 20→四通换向阀 4→气液分离器 3→压缩机 1。

当蓄热水箱内的热水温度不断上升时，系统的冷凝温度也不断提高，待水温升高到一定程度时，打开电磁阀 17，关闭电磁阀 18，通过风冷换热器排放掉多余的热量，保证系统的高效运行。

5. 制热兼制热水模式

制热兼制热水模式在冬季进行运行，此时制冷剂具有两条线路，在压缩机出口处通过三通调节阀的调节可以控制进入热水换热器中的制冷剂流量，来调节空调换热器的换热量和制取热水热量的分配。

一部分制冷剂的流程：压缩机 1→三通阀 6→热水换热器 19→四通换向阀 4，另外一部分制冷剂的流程：压缩机 1→三通阀 6→四通换向阀 4。

然后通过电磁阀 20→空调换热器 7→单向阀组右接口 14–2→单向阀组上接口 14–3→储液器 13→过滤器 12→经济器 10→热力膨胀阀 8→单向阀组下接口 14–1→单向阀组左接口 14–4→风冷换热器 15→电磁阀 17→四通换向阀 4→气液分离器 3→压缩机 1。

整个运行流程中，当制冷剂通过过滤器后，少量的制冷剂通过热力膨胀阀 11→经济器 10，回到压缩机，通过膨胀制冷的方式来稳定液态制冷介质，以提高系统容量和效率。

二、系统的优化匹配分析

空气源热泵“三联供”系统需要在不同的季节条件下运行，全年供冷、供暖及生活热水负荷均不相同，系统中各部件的匹配、环境温度、自来水进水温度的波动都会给系统的运行稳定性带来一定的影响，因此，需要准确了解装置在不同工况下的热力学特性以及系统各部件之间的匹配关系，才能实现优化运行。

空气源热泵“三联供”系统部件主要包括三个换热器、压缩机、蓄热水箱等，故有必要通过对系统中的主要部件进行优化匹配计算设计，使系统能满足五种运行模式的需求，并使系统功能最大优化。

(一) 不同工作模式对应的系统工况及各换热器的工作状态

根据空气源热泵“三联供”系统的五种运行模式，在不同的工作模式下，系统各部件的工作状态也不一样。

(二) 热力循环设计计算

在热力循环系统中，夏季采用风冷翅片换热器和板式换热器并联作为蒸发器，由于系统存在五种不同的工作模式，对应的循环工况也不一样，所以需要分别进行计算设计。综合考虑用户对于供冷、供暖热量和生活热水供应要求。热水负荷占冷负荷和热负荷的比例都很小，系统主要功能是满足房间的供冷和供暖需求，制取生活热水为辅助，所以对于大压缩机，空调换热器、风冷换热器的计算设计以制冷循环热力计算来确定；小压缩机及热水换热器的计算设计以制热水循环热力计算来确定，蓄热水箱则根据用户逐时热水负荷分布情况计算来确定。以其他运行模式来校核计算设计。

1. 冷凝温度 t_c 的确定

冷凝温度越高，制冷性能系数 COP 就越小。因此在保证系统正常运行的前提下，适当降低冷凝温度对于保证系统的节能性，提高压缩机的制冷量，减少功率消耗，提高运行的经济性至关重要。但冷凝温度也不应该过低（尤其在冬天应特别予以注意），否则将会影响制冷剂的循环量，反而使制冷量下降。冷凝温度过高不仅会使制冷量下降，功率消耗增加，而且会使压缩机的排气温度增高，润滑油温度升高，黏度降低，影响润滑效果。所以要确定一个合适的冷凝温度。

2. 蒸发温度 t_e 的确定

蒸发温度的选取与常规空调系统类似，与所选择的蒸发器的型式及冷却介质的出入口参数有关。

3. 过冷度 Δt_u

在制冷循环中，过冷度与制冷能力的增加成正比，与压缩机的功耗关系不大，但它却与热力膨胀阀的选择型号有关。若过冷度小了，由于管道阻力导致高压液体制冷剂提前汽化，故会导致制冷剂在进入热力膨胀阀之前的干度加大，从而导致节流机构流量减少，制冷量下降。若过冷度取得过大，又将导致冷凝面积要选得较大，必然会增加设备的初投资。

4. 过热度 Δt_{sh}

吸气过热度的大小对于压缩机的运行性能及寿命都有较大的影响。提高吸气过热度，一方面可以避免压缩机的湿压缩，另一方面可以增加压缩机的预热系数，从而提高压缩机的容积效率。但由于过热度太大，导致压缩机的吸气比体积增大，制冷剂流量减小，制冷量下降，压缩机排气温度剧增，严重影响压缩机的可靠性和耐久性。

（三）大压缩机优化匹配（增加一个性能曲线）

压缩机的作用是将制冷剂蒸汽从低压状态压缩到高压状态，然后制冷剂蒸汽在冷凝器中冷凝放热，经过节能元件的等焓降温过程变为制冷剂液体，在蒸发器中低温蒸发吸热，再次经压缩机压缩升温升压。另外，由于压缩机不断地吸入和排出制冷剂的气体，才使得制冷剂在整个系统中运行起来，所以压缩机被称为热泵空调器的“心脏”。系统中的其他部件都必须以所使用的压缩机的性能为依据进行设计，通过对压缩机的各种匹配计算完成各种部件的选型。

现在的小型热泵机组用的压缩机的功率都较小，一般都是全封闭式压缩机。这种全封闭式的压缩机主要有三种形式广泛应用于热泵机组中：第一种是活塞式的压缩机，第二种是滚动转子式的压缩机，第三种是涡旋式的压缩机。涡旋式压缩机结构简单，体积小，质量轻，零部件少，可靠性好。它与同型号的活塞式压缩机相比，体积减小 40%，质量减轻 15%，且无吸排气阀损失，无余隙容积，对液击不敏感，振动小，噪声低。同时采用了轴向和径向的柔性密封，减少了泄漏损失。这大大提高了涡旋式压缩机的容积效率，其容积效率一般在 0.95 ~ 0.98，比活塞式压缩机的容积效率提高约 10%。故涡旋式压缩机在小型热泵机组中的应用越来越广泛，所以系统选用涡旋式压缩机。

(四) 换热器优化匹配

系统中包括三个换热器，即一个空调换热器，一个热水换热器，一个风冷换热器。空调换热器夏季用来制取 7 ~ 12℃的冷冻水，冬季用来制取 45 ~ 50℃的低温热水，输送到末端给房间供冷供暖，热水换热器全年用来制取生活热水，冷风换热器在夏季当作冷凝器，将热量释放到空气中，冬季及过渡季节用来吸收低品位的空气能加热供暖及生活热水。对于散热器的类型，考虑到各自换热器的介质及条件，风冷换热器采用翅片换热器，空调换热器及热水换热器采用板式换热器。

1. 风冷换热器的优化匹配

风冷冷凝器在制冷工况模式下，将在室内吸收的热量排放到周围环境中；而在制热工况时则作为蒸发器，吸收周围环境中的热量为室内供暖。

翅片采用亲水波纹铝箔，冬季作为蒸发器使用时，水珠形成后，由于铝箔的亲水性，水珠不易在蒸发器上停留，不会形成水桥，避免换热器冬季结冰，确保空调整机的正常运行。采用波纹铝箔，风通过换热器时，不能像通过平板式铝箔换热器时那样顺畅，而是顺着换热器铝箔的波纹扭动式通过，从而尽可能多地带走了换热器上的冷（热）量，充分提高散热器的换热能力。不采用百叶窗翅片，是避免室外灰尘等脏物堵塞翅片。

2. 空调换热器的优化匹配

空调换热器采用板式换热器。由于板式换热器具有传热系数高，为一般壳管式换热器的 3 ~ 5 倍；对流平均温差大，末端温差小；结构紧凑，占地面积小，体积仅为壳管式的 1 / 10 ~ 1 / 5；质量轻，仅为壳管式的 1 / 5 左右；价格低廉，换热面积大；清洗方便，易改变换热面积及流程组合，适应性较强等优点，系统采用逆流式板式换热器作为水冷冷凝器。

(1) 板式空调换热器的单板片结构参数

系统拟采用应用最广泛的钎焊式板式蒸发器，其板片为“人”字形波纹，制冷剂和水采用逆流并联单通程方式。

(2) 制冷模式下空调换热器冷媒水进出口状态参数

从循环热力计算可知蒸发温度为2℃，设计冷冻水的进口温度为12℃，出口温度为7℃，故冷冻水的平均温度 t_m=（7+12）/ 2℃ =9.5℃。同时，蒸发器内的蒸气的入口干度 x_1=0.265，出口干度 x_2=1.0，故蒸气平均干度 x=（x_1+x_2）÷ 2=0.6325。

(3) 计算设计

由板式空调换热器的基本结构参数，通过优化匹配，确定板式空调换热器的片数及总的传热面积。

(五) 蓄热水箱的优化匹配

由于空调负荷与热水负荷具有不同步性，为了解负荷不平衡问题，使冷凝热回收热泵系统安全高效地运行，用蓄热水箱解决空调冷凝热负荷与热水供应负荷之间日逐时的波动不平衡问题，延长空调冷凝热的利用时间，从而达到最佳的节能效果。

当夜间需要用热水的时候，若系统即时产水量无法满足供水要求，或者此时系统制取的热水量小于生活热水用水量，需设置蓄热水箱来满足热水用水量。当空调冷凝热回收机组制备热水量大于生活热水消耗量时，富余部分的热水进入蓄热水箱储存起来。

水箱容积与许多因素有关，如机组的运行方式、用户类型、用水方式、用水量等。从空调负荷与热水负荷特性分析可知，明显存在一个最佳的设计容量值，既可以使机组满足生活热水供应的需求，又能在空调期内的绝大部分时间起动机组，最大限度地利用机组的冷凝热。当空调在夏季运行时，其冷凝负荷一般都要大于用户的热水负荷，因此没有必要将空调冷凝热完全回收。

空调在运行时间，热水耗量约占全天热水供应量的63%以上，而在空闲时间，热水耗量约占全天热水供应量的37%，因此在设计蓄热水箱容积时，应考虑在空调不运行的时间热水的蓄存量，同时，又要考虑在空调运行时间其容积能够满足用户最大的用水量需求。对于典型的四口之家，平均每天的用热水量为320L / d，在总的用水量当中，最大连续用水量莫过于用户淋浴水量，根据相关的调查，淋浴用水量为5 ~ 8L /（min · 人），淋浴时间10 ~ 15min，故而每个人的淋浴最大用水量大约为120L左右，淋浴适合温度为40 ~ 45℃。因此，对于典型的四口之家，其蓄热装置应该要容纳160L左右的水量。系统的蓄热装置容积的设计是以满足家庭最大用水需求为目的的，设计的蓄热装置的容积可以容纳120L左右的水量。在夏季制冷兼制生活热水模式下，系统加热 120L 水从 20℃到 40℃，所用的时间 T 为：

$$T = L\rho c_{\mathrm{p}}(40-20)/Q_{\mathrm{k}} = 120\times10^{-3}\times1000\times4.1868\times20/18.59\mathrm{s} = 541\mathrm{s} = 9\mathrm{min}$$

从计算结果可以得出，夏季在制冷兼制生活热水模式下将 120L 的自来水从 20℃加热至 40℃所需要的时间只需 9min 左右，加热速度比较快。

三、“三联供”系统的数学模型及系统仿真

空气源热泵“三联供”系统需要在不同的季节运行，全年热水负荷变化大，系统各部件的匹配、环境温度、进水温度的波动都会给系统的运行带来一定的影响，加之空气源热泵“三联供”系统运行模式较多，与普通的常规热泵空调器相比，多了单独制热水模式、制冷兼制热水模式和制热兼制热水模式，在这几种模式下，由于系统增加了制取生活热水的装置，系统运行的大部分时间蓄热装置内的水温是时刻变化的，从而导致了整个系统在运行的过程中都处在一个动态的变化过程中，系统在任何时刻的输出值不仅取决于当前时刻的输入值，同时也与过去时刻的输入值有关。若要详细了解“三联供”系统的运行过程及特性，就需要建立该系统各部件及整个系统的动态计算数学仿真模型，然后编制计算程序，通过计算结果了解系统的运行特性。因此，准确详细了解“三联供”系统在不同工况下的热力学特性及运行过程特性，是实现优化运行的基本前提。为了深入了解系统在不同工况下的热力学特征及系统各部件之间的匹配关系，运用热泵空调的计算机仿真技术，建立该系统各部件及整个系统的动态计算数学仿真模型，然后编制计算程序，通过数学模型得到关于各个参数对系统性能的影响评价，用计算结果来指导系统优化运行。

下面主要内容是建立空气源热泵“三联供”系统各主要部件的数学模型，并通过质量守恒、动量守恒和能量守恒将部件模型有机结合构建系统的仿真模型。以此来验证系统优化匹配设计的合理性，并为控制策略提供一定的依据。

(一) 压缩机模型

压缩机是空气源热泵“三联供”的最核心部件之一，其性能的优劣以及与制冷装置其他部件的匹配程度直接影响整个系统的性能。通常情况下，压缩机生产厂家只提供压缩机的性能参数，而不提供有关压缩机内部结构的结构参数，所以无法对压缩机内部的热力过程建立合适的分布参数模型。

目前压缩机的建模方法很多。各种建模方法主要取决于使用模型的目的，由于研究者建立模型时出发点不同，某一状况下较先进的模型在另一场合未必就是最佳模型。数学模型的形式不仅取决于实际对象的性质，还取决于待解决的问题及求解

数学模型的条件。由于在系统中压缩机的作用是为制冷剂的循环提供动力，研究的是制冷剂通过压缩机后的状态，而不是研究压缩机的内部结构和性能，故不需要建立太复杂的压缩机模型。

由于压缩机进行周期性的吸气与排气，确定制冷剂各状态参数点比较困难，因此需要对压缩机的模型进行简化，这里做以下假设：①压缩机稳态运行时，制冷剂各点具有稳定的参数；②制冷剂在每一状态点具有均匀的物性；③制冷剂在压缩机内做一维运动；④压缩机的压缩过程为多变过程。

压缩机模块的已知条件：吸气压力 p_s，排气压力 p_d 和压缩机入口过热度 ΔT_{sh}、吸气比体积，需要求出压缩机出口的制冷剂状态和质量流量。下面采用压缩机的指示效率、机械效率、电机效率和输气系数四个指标说明压缩机的性能，从而得到所需参数，如电功率和质量流量，以此来建立压缩机的数学模型。

1. 压缩机输入参数（制冷剂的状态）

压缩机的吸气温度：

$$T_1 = T_0 + T_{sh} \tag{5-3}$$

制冷剂的吸气比体积：

$$v_1 = f\left(T_0, T_{sh}\right) \tag{5-4}$$

压缩机吸气压力：

$$p_s = f\left(T_0\right) \tag{5-5}$$

压缩机排气压力：

$$p_d = f\left(T_0\right) \tag{5-6}$$

制冷剂压缩多变过程：

$$\frac{T_2}{T_1} = \left(\frac{p_d}{p_s}\right)^{\frac{m-1}{m}} \tag{5-7}$$

式中：T_{sh}——吸气过热度；

T_2——压缩机的排气温度；

m——多变指数，对于氟利昂压缩机，m=1.05 ~ 1.18，此处取 1.18。

2. 制冷剂质量流量的确定

压缩机的理论质量输气量：

$$G = \frac{V_h}{v_1} \tag{5-8}$$

压缩机的实际输气量：

$$V_{\mathrm{r}}=\eta_{\mathrm{v}}V_{\mathrm{h}} \tag{5-9}$$

容积效率：

$$\eta_{v}=\lambda_{v}\lambda_{p}\lambda_{t}\lambda_{1} \tag{5-10}$$

容积系数：

$$\lambda_{v}=1-\alpha\left(\varepsilon^{\frac{1}{m}}-1\right) \tag{5-11}$$

压力系数：

$$\lambda_{p}=\frac{P_{1}}{P_{s0}} \tag{5-12}$$

温度系数：

$$\lambda_{t}=\frac{T_{\mathrm{s0}}}{T_{1}} \tag{5-13}$$

式中：V_{h}——理论容积输气量；

v_{1}——吸气状态下的气体的比体积；

α——名义压力比；

p_{1}——进气终了工作腔中的压力；

p_{s0}——名义进气压力；

λ_{1}——泄漏系数，其值不能直接测量，通常是间接估算，一般取 0.95 ~ 0.98；

m——余隙容积内高压气体随活塞回行所发生膨胀过程的多变指数；

ε——压缩比。

（二）室外风冷翅片管换热器模型

空气源热泵“三联供”系统的室外空气侧换热器采用的是翅片管换热器，在夏季制冷模式时，室外风冷翅片管换热器充当系统的冷凝器；在冬季和过渡季节单独制热模式、单独制热兼制取生活热水时，室外风冷翅片管换热器则充当的是系统的蒸发器。由于工作模式不同，所以建立翅片管换热器的数学仿真模型时，就需要分别建立冷凝器和蒸发器两种数学模型。

1. 室外风冷翅片管换热器作为冷凝器的数学模型

翅片管换热器的数学模型主要由管内制冷剂侧、管壁及管外空气侧三部分模型组成。下面分别建立这三部分的冷凝器模型。

(1) 制冷剂侧模型的建立

进入冷凝器中的制冷剂通常先后经历三个过程，即过热气态制冷剂放热变成饱和气态制冷剂，饱和气态制冷剂放热变成饱和液态制冷剂，饱和液态制冷剂再放热变成过冷液态制冷剂。故可分为两相区和单相区两个区段分别进行建模。为了简化冷凝器的数学模型，便于计算和分析，对模型作如下的假设：①制冷剂沿水平管做一维流动；②两相流在同一流动截面上气相和液相的压力相等；③气液界面上的凝结量以液相速度流动；④对于单相流，认为同一流动截面上是物性均匀的介质，且制冷剂物性仅沿着流动方向发生变化；⑤各相的动量方程不计重力的影响；⑥忽略管壁的轴向导热。

(2) 管壁和肋片部分模型的建立

能量守恒方程：

$$\mathrm{d}Q_{\mathrm{r}}-\mathrm{d}Q_{\mathrm{a}}=c_{p,\mathrm{PF}}M_{\mathrm{PF}}\frac{\partial T_{\mathrm{PF}}}{\partial t} \tag{5-14}$$

式中：$\mathrm{d}Q_{\mathrm{r}}$——制冷剂放出的热量（kW）；

$\mathrm{d}Q_{\mathrm{a}}$——空气吸收的热量（kW）；

$c_{p,\mathrm{PF}}$——管子和肋片的平均比热容 [kJ /（kg · ℃）]；

M_{PF}——微元管子和肋片的平均质量（kg）；

T_{PF}——管子和肋片的温度（℃）。

考虑到管子与肋片材质的不同，采用平均比热容：

$$c_{\mathrm{p,PW}}=\frac{c_{\mathrm{p}}M_{\mathrm{P}}+c_{\mathrm{F}}M_{\mathrm{F}}}{M_{\mathrm{PW}}} \tag{5-15}$$

式中：c_P、c_F——管子、肋片的比热容 [kJ /（kg · ℃）]；

M_{P}、M_{F}——管子、肋片的质量（kg）。

(3) 管外空气侧模型的建立

考虑到空气侧的热容量较小，其质量和能量的积聚可以忽略不计，因此采用稳态的方法建立模型。

质量守恒方程：

$$\frac{\mathrm{d}m_{\mathrm{a}}}{\mathrm{d}z^{\mathrm{k}}}=0 \tag{5-16}$$

动量守恒方程：

$$\frac{\mathrm{d}}{\mathrm{d}z^{\mathrm{k}}}\left(\rho_{\mathrm{a}}u_{\mathrm{a}}^{2}\right)=-\frac{\mathrm{d}p}{\mathrm{d}z^{\mathrm{k}}}-F_{\mathrm{a}} \tag{5-17}$$

能量守恒方程：

$$\frac{\mathrm{d}}{\mathrm{d}z^{k}}\left(m_{a}h_{a}\right)=\left(\pi d_{o}\right)q_{a} \tag{5-18}$$

$$q_{a}=\alpha_{a}\left(T_{w,o}-\overline{T}_{a}\right)$$

式中：ρ_a——空气的密度（kg / m^3）；

m_a——空气的质量流量（kg / s）；

u_a——空气流速（m / s）；

F_a——空气侧的阻力（Pa / s）；

q_a——空气侧的热流密度（W / m^2）；

h_a——空气的比焓（kJ / kg）；

d_o——管外径（m）；

α_a——空气的换热系数［W /（m^2·℃）］；

$\overline{T}_a$——空气进出口平均温度（℃）；

$T_{w,o}$——管外壁温度（℃）。

2. 室外风冷翅片管换热器作为蒸发器的数学模型

（1）制冷剂侧模型的建立

一般来说，制冷剂在蒸发器内流动换热主要经历两个区段，即两相区及单相区（过热区）。由于在蒸发器内制冷剂主要呈环状流的形式流动，故下面对于翅片管蒸发器两相流仅以环状流进行建模。在建立节点动态模型之前拟作如下假设。

①制冷剂沿水平管做一维流动。

②两相流在同一流动截面上气相和液相的压力相等。

③制冷剂侧能量方程中忽略动能和势能的影响。

④忽略管壁的轴向导热。

⑤不考虑管壁上的结霜。

（2）管壁和肋片部分模型的建立。具体的方法同室外风冷换热器作为冷凝器一样。

（3）管外侧空气部分模型的建立。与冷凝器不同，室外空气在蒸发器中被冷却，可能有水蒸气析出。故质量守恒方程不同于冷凝器的质量守恒方程。

质量守恒方程：

$$\frac{\mathrm{d}m_{a}}{\mathrm{d}z^{k}}=\left(\pi d_{o}\right)\mathrm{w}_{a} \tag{5-19}$$

式中：ω_a——空气中水蒸气的流量［kg/（m^2·s）］。

动量守恒方程和能量守恒方程同室外换热器作为冷凝器时管外侧空气部分模型一样。

(三) 整体系统模型算法设计

在对系统的各部件数学仿真模型求解时，对控制方程组实现离散化的操作，依次求解。通过三个约束条件：质量守恒、动量守恒和能量守恒，使各部件数学仿真模型有机结合起来，组成完整的系统仿真模型。并且补充设置边界条件和初始状态值，确定正确合理的算法，然后进行迭代计算。最后输出计算结果。

利用美国 Math Works 公司开发的商业数学软件 Matlab 编写了“三联供”系统的仿真程序，通过输入相关的环境参数、部件结构参数和系统运行的初始参数等，按照一定的时间步长和空间步长，计算出系统在上述五种模式下运行的特性。由于系统在单独制热和单独制冷模式下与常规系统是相同的，故下面只给出在制热水模式、制冷兼制热水模式和制热兼制热水模式下的系统。如图 5-10 所示为系统整体模型仿真算法流程。

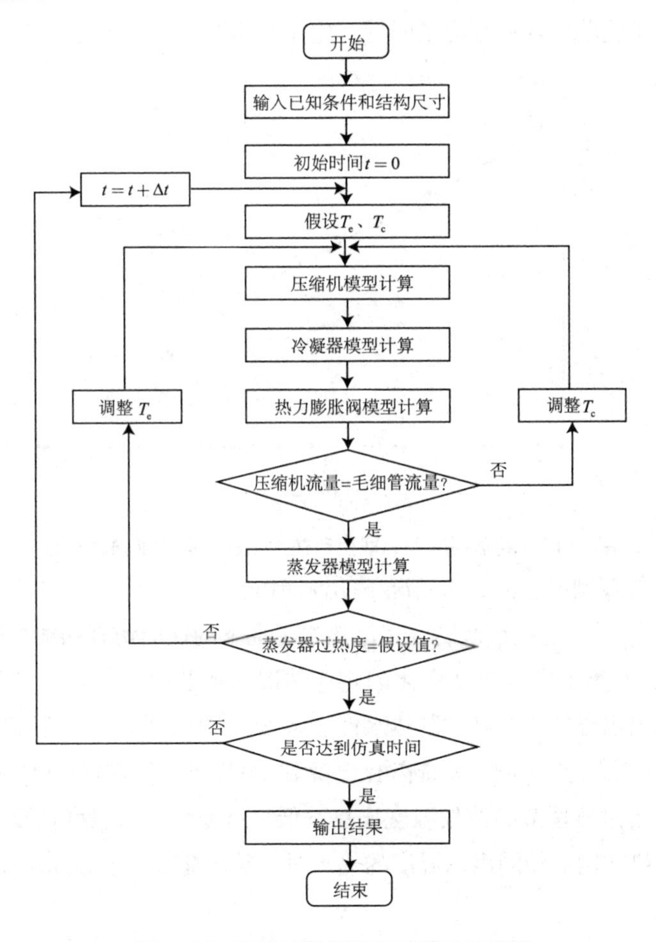

图 5-10　系统整体模型仿真算法流程图

(四)系统仿真结果

利用前面介绍的数学仿真模型，对空气源热泵“三联供”空调系统在夏季制冷兼制取生活热水、过渡季节制取热水、冬季供暖兼制取生活热水等工况下的性能进行了仿真模拟，重点研究分析了生活热水出水温度变化对系统能效比的影响情况。

1. 在夏季制冷兼制取生活热水工况下的性能仿真

如图 5-11 所示，夏季制冷兼制取生活热水工况下的性能仿真曲线可以看出，随着热水出水温度的升高，综合能效比 EER 几乎是直线下降，在设计出水温度为 40℃时，综合能效比 EER 为 4.46，此时，冷凝温度不高，系统回收了大量的冷凝器热，当热水出水温度升高到 57℃以上时，制热水能效比已降到 3.0 以下。这是由于为保证出水温度的不断提升，流经冷凝换热器的水流量就要不断减少，同时冷凝温度(即冷凝压力)也会逐渐提高，而在蒸发压力基本不变的情况下，压缩机的压比增大，输气系数减小，系统单位容积制冷量降低，比体积功增加。

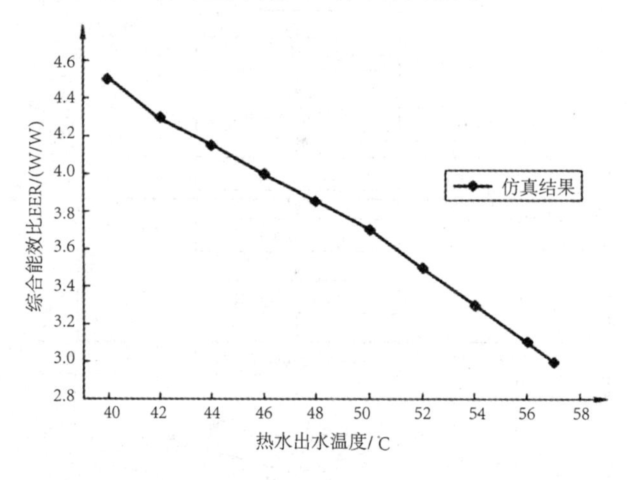

图 5–11　夏季制冷兼制取生活热水工况下的性能仿真曲线

2. 在过渡季节制取生活热水工况下的性能仿真

如图 5-12 所示，过渡季节制取生活热水工况下的性能仿真曲线反映了制热水性能系数 COP 随着热水出水温度变化的响应情况。从图中可以看出，和夏季情况一样，随着热水出水温度的升高，制热水性能系数 COP 几乎呈直线下降，当热水出水温度升高到 50℃以上时，制热水能效比已降到 3.0 以下，但接近 60℃时仍可达到 2.0 左右。同时由于过渡季节的蒸发温度比夏季低，自来水进水温度比夏季自来水温度低，所以压缩机在制取相同出水温度的热水时，要比夏季耗功增加不少。

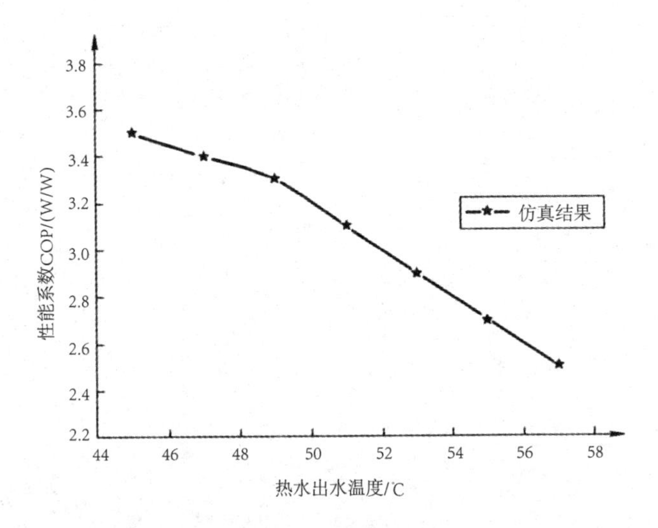

图 5-12　过渡季节制取生活热水工况下的性能仿真曲线

3. 在冬季供暖兼制取生活热水工况下的性能仿真

如图 5-13 所示，冬季供暖兼制取生活热水工况下的性能仿真曲线可以看出：冬季综合性能系数 COP 随着热水出水温度降低而减小，规律与夏季和过渡季节情况一样，在设计热水出水温度为 45℃时，综合性能系数 COP 为 2.8 左右，与其他季节相比，相同的出水温度，性能系数要低得多。这主要是因为冬季室外温度较低，而且自来水进水温度比过渡季节自来水温度更低，与此同时，系统还要满足两个功能，既要供暖，还要制取生活热水，此时系统的稳定性就会变差，除此之外，冬季有两个压缩机工作，在各种不利因素的影响下，冬季系统在相同的热水出水温度时，性能系数是最小的。

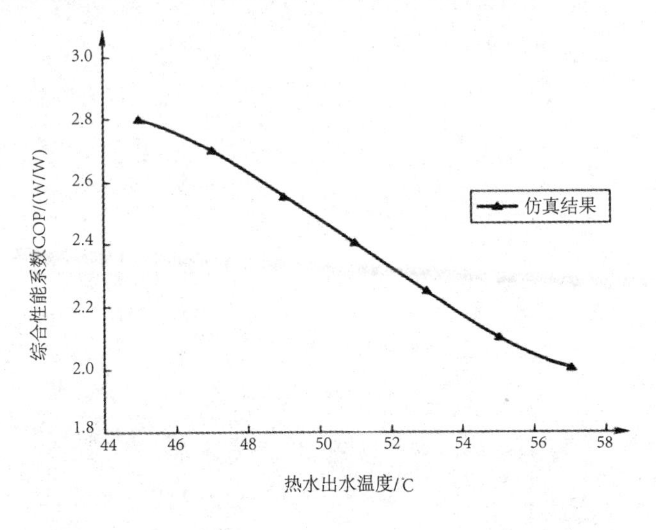

图 5-13　冬季供暖兼制取生活热水工况下的性能仿真曲线

参考文献

[1] 何为，陈华 . 暖通空调技术与装置实验教程 [M]. 天津：天津大学出版社，2018.

[2] 王文琪 . 暖通空调系统自动控制 [M]. 长春：东北师范大学出版社，2018.

[3] 顾洁 . 暖通空调设计与计算方法（第 3 版）[M]. 北京：化学工业出版社，2018.

[4] 董长进 . 医院暖通空调设计与施工 [M]. 哈尔滨：哈尔滨工业大学出版社，2018.

[5] 乐嘉龙，周锋 . 学看暖通空调施工图（第 2 版）[M]. 北京：中国电力出版社，2018.

[6] 孙庆霞，刘广文，于庆华 .BIM 技术应用实务 [M]. 北京：北京理工大学出版社，2018.

[7] 李通 . 建筑设备 [M]. 北京：北京理工大学出版社，2018.

[8] 王智伟 . 建筑设备安装技术与经济管理教学资源库 [M]. 北京：中国建筑工业出版社，2020.

[9] 张文胜，黄中 . 暖通空调系统设计指南系列　医院通风空调设计指南 [M]. 北京：中国建筑工业出版社，2019.

[10] 吴嫡 . 建筑给水排水与暖通空调施工图识图 100 例 [M]. 天津：天津大学出版社，2019.

[11] 江克林 . 暖通空调节能减排与工程实例 [M]. 北京：中国电力出版社，2019.

[12] 陈东明 . 建筑给排水暖通空调施工图快速识读 [M]. 合肥：安徽科学技术出版社，2019.

[13] 黄翔 . 蒸发冷却空调原理与设备 [M]. 北京：机械工业出版社，2019.

[14] 郑庆红 . 建筑暖通空调 [M]. 北京：冶金工业出版社，2017.

[15] 尚少文 . 暖通空调技术应用 [M]. 沈阳：东北大学出版社，2017.

[16] 张文生 . 暖通工程与节能降耗 [M]. 长春：吉林科学技术出版社，2017.

[17] 刘国涛，郭鹏，邓康天 . 暖通工程与节能技术 [M]. 长春：吉林科学技术出版社，2017.

[18] 王志毅，黎远光，王志鑫 . 暖通空调工程调试 [M]. 长沙：中南大学出版社，2017.

[19] 史洁，徐桓 . 暖通空调设计实践 [M]. 上海：同济大学出版社，2017.

[20] 王鹏，马金星 . 暖通 BIM 实战应用 [M]. 西安：西安交通大学出版社，2017.

[21] 刘晓宁，陈金良，薛勇 . 热能动力与暖通工程 [M]. 长春：吉林科学技术出版社，2017.

[22] 葛风华，王青春 . 暖通空调设计基础分析（第 2 版）[M]. 北京：中国建筑工业出版社，2017.

[23] 邬守春 . 暖通空调施工图设计实务 [M]. 北京：中国建筑工业出版社，2017.

[24] 张伟伟 . 公共建筑暖通动力系统设计与运行 [M]. 北京：中国建筑工业出版社，2020.

[25] 张华伟 . 建筑暖通空调设计技术措施研究 [M]. 北京：新华出版社，2020.

[26] 王子云 . 暖通空调技术 [M]. 北京：科学出版社，2020.

[27] 王军 . 室内通风与净化技术 [M]. 北京：中国建筑工业出版社，2020.

[28] 李双营 . 建筑设备工程 [M]. 北京：北京邮电大学出版社，2020.

[29] 王雪松，李必瑜 . 房屋建筑学 [M]. 武汉：武汉理工大学出版社，2020.

[30] 宋孝春 . 公共建筑冷热源方案设计指南 [M]. 北京：中国建筑工业出版社，2020.

[31] 全贞花 . 可再生能源在建筑中的应用 [M]. 北京：中国建筑工业出版社，2020.